자연의 패턴

필립 볼의 형태학 아카이브

Patterns in Nature

필립 볼

조민웅 옮김

사이언스
SCIENCE
BOOKS 북스

옮긴이 | 조민웅

건국 대학교 물리학과를 졸업하고 서울 대학교 대학원에서
물리학 석사, 박사 학위를 받았다. '이온 다발 때려 내기를
이용한 패턴 만들기'로 박사 학위를 받으며 패턴과 인연을
맺었다. 이후 자연의 패턴 형성 메커니즘에 깊은 관심을 갖고
연구하고 있다. 현재 성균관 대학교에서 2차원 물질의 구조와
성질의 상관 관계를 연구하고 있다. 필립 볼의 『모양』을
번역했다.

자연의 패턴
필립 볼의 형태학 아카이브

1판 1쇄 펴냄 2019년 2월 16일
1판 2쇄 펴냄 2022년 7월 31일

지은이 필립 볼
옮긴이 조민웅
펴낸이 박상준
펴낸곳 (주)사이언스북스

출판등록 1997. 3. 24.(제16-1444호)
(06027) 서울특별시 강남구 도산대로1길 62
대표전화 515-2000 팩시밀리 515-2007
편집부 517-4263 팩시밀리 514-2329

www.sciencebooks.co.kr
한국어판 ⓒ (주)사이언스북스, 2019. Printed in Korea.

ISBN 979-11-89198-53-4 03400

PATTERNS IN NATURE:
Why the Natural World Looks the Way It Does
By Philip Ball

Copyright © Quarto Publishing Plc 2016
All rights reserved.

Korean Translation Copyright © ScienceBooks 2019

Korean translation edition is published by
arrangement with Quarto Publishing Plc.

이 책의 한국어판 저작권은
Quarto Publishing Plc와 독점 계약한
(주)사이언스북스에 있습니다.

저작권법에 의해 한국 내에서 보호를 받는 저작물이므로
무단 전재와 무단 복제를 금합니다.

차례

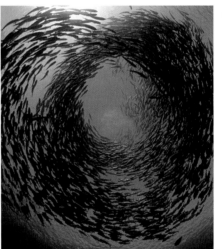

한국어판 서문

자연의 패턴에 대한 나의 글쓰기에 관해 자주 받는 질문 중 한 가지는 우리 인간이 왜 그토록 패턴에 끌리는가이다. 좋은 답을 가지고 있으면 좋겠지만, 나 역시 몇 가지 제안을 할 수 있을 뿐이다. 우리는 습관적인 '패턴 탐색자'로서 호시탐탐 질서를 찾고자 한다. 질서는 우리가 예측을 잘할 수 있게 한다. (가령 '내일 태양이 뜰 것이다.'처럼.) 다음에 무엇이 올지 예측할 수 있는 능력은 생존을 수월하게 만들어 주는 도구이며, 따라서 우리 뇌가 그런 방식으로 연결되어야 하는 것은 당연하다.

미술사학자 마틴 켐프는 "구조적 직관", 즉 우리가 그것이 무엇인지 잘 설명할 수 없고 심지어 의식할 수 없을지라도 본능적으로 알아차리는, 자연에서 반복되는 모양과 패턴을 이야기한다. "이러한 정신 구조는 우리가 의식하는 삶의 순간마다 우리 주변에서 볼 수 있는 득실대는 복잡성에 대한 일관된 감각을 만들기 위해 우리 몸과 정신에 부여된 것이다."라고 켐프는 쓴다. 우리가 직관하는 구조는 규칙적인 다각형(삼각형, 정사각형, 육각형 등)과 같이 단순할 수도 있고, 나뭇가지나 흐르는 물같이 수학적으로 설명하기가 복잡하고 어려울 수도 있다. 그러나 그것들은 우리의 마음속에 있는 무언가에 '부합'하며, 우리의 감각을 활발하고 기쁘게 만든다.

이 기쁨으로 말할 것 같으면 가장 훌륭하면서도 수수께끼 같은 것이다. 우리는 이러한 패턴을 마음에 새겨 두지 않았지만 거기서 편안함과 즐거움을 얻는다. 그것은 어떻게 보면 그렇게 이상한 일은 아니다. 만약 패턴이 뇌의 '보상' 회로를 활성화한다면, 우리는 패턴에 더욱 주의를 기울일 것이고, 그것을 찾을 것이고, 그것에 신속하고 적극적으로 반응하려고 할 것이다. 이것은 음악의 작동 방식 중 일부이기도 한데, 음악은 기쁨, 감탄, 재미, 흥분의 감정을 끌어내는 우리의 패턴 찾기 본능을 이용한다.

이런 발상이 자연 속에서 패턴과 형태의 놀라운 이미지를 살펴보면서 내가 느낀(여러분도 느끼기를 바라는) 기쁨을 충분히 설명할지 모르겠다. 마치 우리의 미적 반응이 진화론적 설명을 초월할 수 있는 것처럼 여겨진다. 그러한 이미지에서 얻은 감정은 진화 심리학으로 설명하기에는 너무나 풍부하고 즐거운 것이다. 하지만 그것은 우리의 수많은 미적 반응 및 행동에서 나타나는 사실이다. 우리의 문화는 무수한 방법으로 그것을 굴절시키고 아름답게 꾸미서, 우리는 그 반향의 반향을 인식한다. 유체의 흐름에서 레오나르도 다 빈치는 곱슬머리와의 유사성을 관찰했다. 우리는 흐름을 보며 다 빈치의 놀라운 스케치들, 혹은 수 세기에 걸쳐 동아시아 예술가들이 이룩한 물과 안개에 관한 훌륭한 연구를 떠올릴 수 있을 것이다.

이 책은 시각적 즐거움을 선사할 뿐만 아니라, 자연의 밀고 당김으로부터 패턴과 형태가 생겨나는 메커니즘에 대한 지식을 조금은 알려주려고 한다. 많은 경우, 그것은 질서정연한 법칙과 무작위적인 가능성 사이의 상호 작용 때문이다. 음악의 경우와 마찬가지로, 이러한 효과를 가져오기 위해 무슨 일이 일어나는지 더 많이 안다고 해서 그 영향력이 줄어든다고 생각하지 않는다. 조금도 그렇지 않다. 오히려 어떤 면에서는 그 반대라고 할 수 있다. 『자연의 패턴』이 자연 환경의 풍부함에 대한 여러분의 감수성을 세련되게 할 수 있기를 바란다. 내가 패턴에 관한 연구와 글쓰기를 통해 그랬던 것처럼 말이다. 동시에 우주를 지배하는 법칙의 작동 방식에 대한 믿음을 깊게 가지고, 어떻게 우연과 예측 불가능성이 놀라운 다양성과 창의성을 가져오는지 알 수 있었으면 좋겠다. 천문학자이자 화학자인 존 허셜은 이렇게 썼다.

"자연 철학자에게는 중요하지 않거나 사소한 자연의 대상은 없다. 비누 거품, 사과, 조약돌, 그는 경이로움을 느끼며 걸어간다." 정말로 그렇다. 그리고 우리가 그것을 더 잘 인식하고 이해할수록 더욱 잘 감상하고, 소중히 여기며, 존중하게 될 것이다.

2019년
런던에서
필립 볼

옮긴이 서문

우리가 보는 자연의 아름다움과 경이로움은 어디서 오는 것일까? 이런 의문을 갖는 것은 일반인에게나 과학자에게나 예외가 없다. 많은 사람들이 조물주의 솜씨라고 대답할 수밖에 없을 것이다. 아니면 자연이 원래 그런 것이라고 대답할 것이다. 그런데 과학자들은 좀 더 깊이 자연을 들여다보았다. 과학의 언어인 수학을 기반으로. 자연의 아름다움은 근본적으로 '질서'에 있다. 비록 무질서해 보이는 현상에도 그 이면에는 질서가 있는 것이다. 그것이 과학자들이 밝혀낸 최대의 성과이자, 자연의 신비이다.

자연의 삼라만상에는 질서가 있다. 비록 어떤 것은 우리가 다 이해하지 못하더라도. 세상에는 또한 크고 작음의 척도가 있다. 우주만 한 크기의 척도가 있고 개미만 한 크기의 척도가 있다. 그런데 개미만 한 세계에서도 우주 못지않은, 아직도 인간이 다 이해하지 못하는 우주만 한 세계가 있다. 이것도 자연의 신비이다. 현대 과학의 눈으로 바라본 자연의 아름다움, 다시 말해 질서가 이 책에 담겨 있다.

분명 우리는 이 모든 것의 조물주가 아니다. 조물주는 우리에게 자연을 이해하고 느끼고 감상할 수 있는 '눈'을 주셨다. 과학의 '눈'은 계속 확장 중이다. 이 책을 통해 과학의 '눈'으로 자연 삼라만상을 음미하고 바라보며, 그 '눈'을 더 키워 가길 바라는 것이 저자의 바람일 것이다. 이 책의 대부분에는 평생 당신이 보지 않은 곳과 보지 못했을 광경이 수록되어 있다. 이 책을 읽는 시간이 당신의 눈과 머리가 깨어나는, 경이로운 패턴의 세계로 떠나는 여행이 되기를 바란다.

2019년 정월을 앞두고
조민웅

책을 시작하며

패턴 탐색자들에게

우리가 살고 있는 세계는 혼란하고 어수선하지만, 그 가운데서 질서를 찾으면 이해할 수 있다. 우리는 낮과 밤의
규칙적인 주기, 달의 차고 이움과 조수간만, 사계절의 순환을 알고 있다. 우리는 유사성, 예측 가능성, 규칙성을
찾는다. 이런 성질들이 항상 과학 발전의 지침이 되어 줬다. 우리는 자연의 엄청난 복잡성을 간단한 규칙으로 쪼개고,
처음 보기에는 혼돈스러운 곳에서 질서를 찾고자 한다. 이런 면에서 우리 모두는 '패턴 탐색자'인 것이다.

우리 뇌는 떼려야 뗄 수 없는 한 가지 습성을 지니고 있다. 어떤 소리와 경험이 반복된다는 사실을 처음으로 알아차린 아기 때부터, 패턴과 규칙의 인지가 생존과 세상살이에 도움이 된다는 것을 알고, 패턴과 규칙을 찾아다닌다. 패턴은 과학자들의 일용할 양식이기도 하지만, 누구나 그것을 인식하고 미적, 지적 만족감뿐만 아니라 기쁨과 경이로움을 느낄 수 있다. 이를테면 지구상 거의 모든 문화권에서, 가령 고대 이집트 인들부터 아메리카와 오스트레일리아 대륙의 원주민들까지 그들의 유물은 규칙적인 패턴으로 장식되어 있다. 이러한 패턴 구조는 보기 좋을 뿐만 아니라 그 이면에 있는 논리와 질서의 존재를 재확인해 주는 것처럼 보인다.

한편 우리가 패턴을 만들 때 그것은 신중한 계획과 설계를 통해 이루어진다. 가령 개별 요소들을 잘라 모양을 내고 배치하고 가로세로로 엮는다. 한마디로 패턴을 만드는 '패턴의 장인'이 필요한 것처럼 보인다. 그래서 옛사람들이 자연에서 패턴(벌집, 동물 가죽의 무늬, 해바라기 씨앗의 나선, 눈송이의 육각성 모양 등)을 보면서 그것을 지적 설계(intelligent design)의 지문, 즉 어떤 전능한 창조자의 손으로 만들어진 표시라고 생각했던 것이다.

오늘날 우리는 그러한 가정을 필요로 하지 않는다. 패턴, 규칙, 형태가 물리학과 화학의 기본적인 힘과 원리에 따라 나타나는 것이고, 아마도 생물학적 진화의 필요성으로 인해 선택, 개량된다는 것을 잘 안다. 하지만 이것은 단지 수수께끼를 증폭할 뿐이다. 자연의 태피스트리는 어떻게 자기 조직화되는 것일까? 패턴은 어떻게 어떤 청사진이나 계획 없이도 만들어지는 것일까? 어떻게 이러한 패턴이 자발적으로 생길 수 있는가 말이다.

단서가 몇 가지 있기는 하다. 아마도 자연의 패턴에서 호기심을 가장 자극하는 부분은 자연이 패턴을 그리는 데 사용하는 물감이 상대적으로 적고, 서로 매우 다른 크기 척도를 오가며 같은 패턴을 되풀이해 그린다는 점이다. 가령 우리는 나선과 육각형, 복잡한 나뭇가지 모양의 균열과 번개, 점과 줄무늬를 자연의 패턴 곳곳에서 보게 된다. 이것은 계의 세부 사항에 의존하지 않지만 전반적으로 나타날 수 있다. 심지어 생물계와 무생물계를 쉽게 이어 주는 여러 종류의 패턴 형성 과정이 있는 것처럼 보인다. 이런 점에서 패턴 형성은 보편적이다. 다시 말해 우리가 다른 과학, 또는 다른 종류의 현상이라고 선을 긋게 하는 어떤 표준이 되는 경계를 특별히 고려하지 않는다.

그러한 것은 그렇게 되어 왔기 때문

이와 같은 패턴들이 어떤 공통점이나 겉보기에 유사성을 가지는 것은 단지 우연의 일치일까? 이 질문에 답하기 위해 처음으로 제대로 고심한 사람은 스코틀랜드의 동물학자 다시 웬트워스 톰프슨이다. 1971년에 톰프슨은 걸작 『성장과 형태에 관하여(On Growth and Form)』를 출판했다. 이 책에서 그는 생물학, 자연사, 수학, 물리학, 공학의 놀랄 만한 통합을 보여 주며 당시 알려져 있던 자연의 패턴과 형

신을 섬기는 수학
대단히 정교하면서 규칙적인 기하학 디자인은 전통적인 이슬람 건축 장식에서 흔히 볼 수 있다. 이것은 질서정연한 우주관을 표현하고 있다. 특히 어떤 이슬람 예술가들은 오각형과 팔각형처럼 그것만으로는 쉽게 평면을 채울 수 없는 요소로 패턴을 만들려고 했다.

태를 망라해 놓았다. 책 제목이 가리키듯 톰프슨은 적어도 생물계에서, 그리고 종종 무생물계에서 패턴 형성이 정적이지 않고 성장에 기인한다고 지적했다. 그는 "모든 것이 그러한 것은 그렇게 되어 왔기 때문이다."라고 말했다. 패턴의 수수께끼에 대한 답은 '어떻게 그렇게 될 수 있었는가?', 즉 '어떻게 성장했는가?'에 있다는 것이다. 이 문제는 생각보다 단순하지 않다. 가령 다리, 논, 마이크로칩은 '어떻게 만들어졌는가?'가 아니라 '왜 그렇게 보이는가?'로 '설명'되어야 하기 때문이다.

톰프슨의 목표 중 하나는, 찰스 로버트 다윈의 자연 선택 이론으로 생물계의 모든 형태와 질서를 설명하려던 당시의 고삐 풀린 열망에 제동을 거는 것이었다. 자연 선택 이론에서는 패턴이 생명체의

생존에 유리한 적응을 제공하기 때문에 존재한다고 말한다. 이에 대해 톰프슨은 반드시 그렇지는 않다고 경고했다. 자연에게는 선택권이 없을지도 모른다. 모양은 물리적인 힘의 지시에 따라 결정되는 것이지, 생물학적 편의에 따라 결정되는 것이 아니다. 더욱이 생물은 운명의 변덕을 견딜 수 있게 견고히 설계되어야 하지 않는가. 톰프슨의 문제 제기는 시의적절하게 다윈 이론의 한계를 상기시켜 주었지만, 그렇다고 그것과 대립하지는 않는다. 생물계에서 패턴 형성은 적응적 변화에 대한 선택지를 제한

1 패턴에 담긴 넘치는 생명력
북동 아프리카가 원산인 대머리호로새의 화려한 깃털.

2 무소부재의 패턴
규칙과 질서는 생물계와 무생물계를 포함해 자연에 온통 퍼져 있다. 때로는 그것을 보려면 현미경(또는 망원경)이 필요하다. 사진과 같이 꽃가루 알갱이를 보는 경우처럼 말이다.

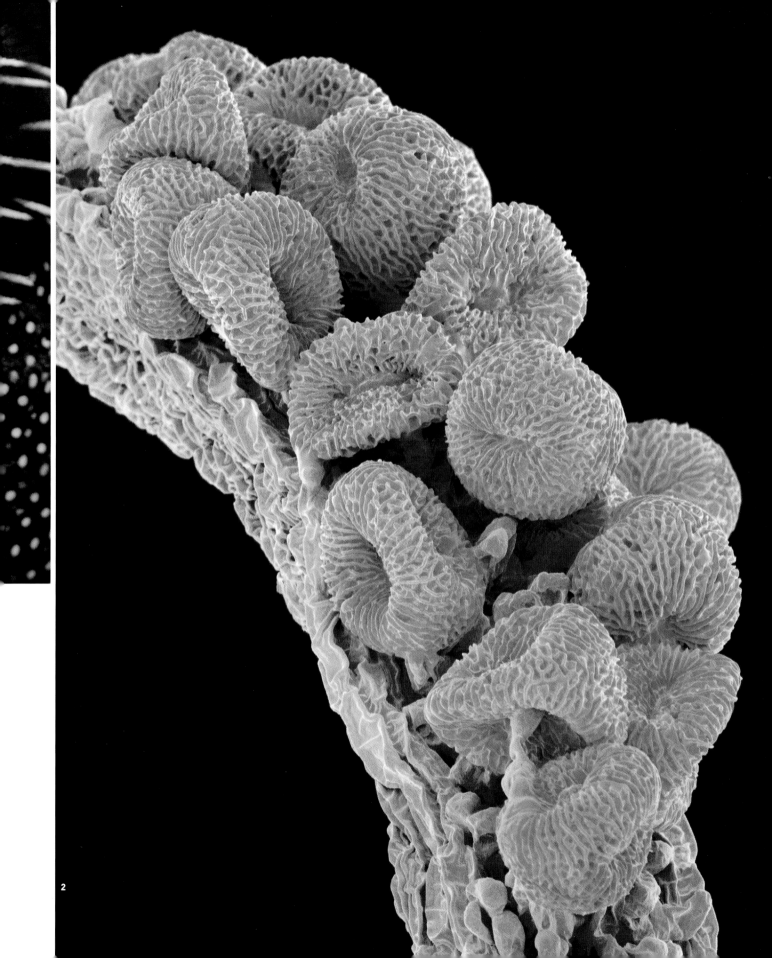

할 뿐만 아니라, 새로운 적응 기회 또한 제공하는 것처럼 보인다. 다시 말해 다윈 이론에 병행하거나 때로는 공조하는 식으로 작동한다. 예를 들어 동물들의 몸빛이나 무늬를 보자. 위장이나 경고 표시나 상호 인식의 수단으로 쓰인다. 이러한 패턴은 의도한 것은 아니겠지만 유용하다.

동시에 톰프슨의 책은 똑같은 패턴과 형태가 여러 과학 분야에 걸쳐 있는 것이 단순한 우연의 일치가 아니며, 어떤 의미에서는 필연인 이유를 설명하는 데 도움을 주었다. 가령 비누 거품의 배열이 왜 살아 있는 세포 무리나 작은 바다 생물의 그물 모양 골격의 배열과 닮았는지, 달팽이 껍데기와 숫양의 뿔이 왜 수학적인 나선으로 휘는지, 왜 동물의 등뼈는 캔틸레버(cantilever, 외팔보) 교량과 비슷한 모양인지 말이다.

패턴의 지혜, 기쁨, 아름다움

아무래도 톰프슨은 모든 것을 제대로 하지는 못했다. 하지만 바른 길을 걸었다. 『성장과 형태에 관하여』가 출판된 지 한 세기가 지난 지금, 많은 자연의 패턴들이 새롭게 확인되고 설명되었다. 그리고 오늘날 이것들을 전문적으로 연구하는 과학자들이 생겨났다. 톰프슨에게는 없었던 개념과 실험과 계산 도구의 도움으로 말이다. 질문들은 매력적이고 도전적이다. 그중 의심할 여지없이 가장 매력적인 부분은 미학적 부분이다. 형태와 배열은 아름답기까지 한 것이다.

또한 이런 패턴들은 우주의 작용에 대해 미국 물리학자 리처드 필립스 파인만이 했던 다음의 말이 옳다고 지지한다. "자연은 틀림없이 가장 긴 실을 써서 그 패턴을 짠다. 그래서 가장 작은 직물 조각에서도 태피스트리 전체의 짜임이 드러나는 것이다." 세계를 작동시키는 원리는 보편적이다. 광활한 풍경에서 볼 수 있는 모양, 형태, 패턴을 좁은 방구석에서도 볼 수 있다. 예를 들면 하늘에 피어오르는 구름을 만드는 대류와 닮은 패턴을 스토브 위 냄비에서도 볼 수 있다. 우리 몸의 혈관 연결망은 대륙을 가로지르고 산맥을 형성하는 장대한 하천의 연결망과 닮았다. 이 모든 일치에는 이유가 있다.

이것은 하나의 큰 이론이 모든 것을 설명한다는 의미는 아니다. 비록 일부 과학자들이 그것을 꿈꾸어 왔고 여전히 꿈꾸고 있지만 말

이다. 대신 이것은 어떤 주제의 패턴은 수많은 변주 패턴을 만들어 내고, 어떤 패턴을 만들어 내는 과정은 자연에 광범위하게 퍼져 있다는 사실을 반영한다. 가령 중력이나 열처럼 진화를 일으킬 수 있는 어떤 구동력이 계가 안정 상태로 정착하는 것을 막는 경우, 다양한 요소가 상호 작용하는 경우(때로는 강화하거나 경쟁하는 상호 작용을 하는 경우), 구동력이 어떤 문턱 값을 넘어서며 패턴과 형태가 갑자기 새로운 모양으로 바뀌는 경우, 작은 사건이 엄청난 결과를 초래할 수 있고 여기서 진행되는 일이 멀리 떨어진 곳에 영향을 줄 수 있는 경우, 우발적 사건들이 특정 장소에 고정되어 이후 전개되는 일을 결정하는 경우 패턴이 형성된다. 패턴 형성에 법칙은 없지만 레시피는 있다.

이 책이 모든, 혹은 거의 대부분의 레시피를 설명하지는 못할 것이다. 그것은 다른 책들이 다루고 있다. (「더 읽을거리」를 보라.) 이 책의 목표는 특색 있는 레시피를 소개하고, 가장 중요하게는 그 결과가 얼마나 훌륭한지 보여 주는 것이다. 이것은 아마도 다른 어느 과학 연구 분야보다 자연의 경이로움을 더 잘 보여 주는 주제일 것이다. 고백건대 이 책의 그림과 사진 일부는 아직도 과학적으로 설명할 수 없는 것들이다. (일반 원리는 분명하게 밝혀졌지만 세부 사항은 그렇지 않다.) 또 일부는 순전히 화려해서 수록했다. 그런 그림과 사진도 필요하다. 우리에게는 분석하고 계산하는 일뿐만 아니라 감탄하고 경이로워하는 경험도 필요하다. 자연의 패턴은 원초적인 기쁨을 주는 동시에, 파인만이 암시한 대로 무언가 심오한 비밀을 가리키고 있다. 자연을 이해하기 위해서는 자연을 각각의 구성 요소로 나누어 살펴볼 뿐만 아니라, 때때로 그 모든 것을 합쳐 탐구할 필요도 있다는 뜻이다. 형태는 각 구성 요소를 개별적으로 봐서는 실로 추측할 수 없을 방식으로 이루어지는 상호 작용의 결과이다. 새로이 출현한 형태 속에서 자연의 자발적 창조성을 볼 수 있다는 이 책의 주장은 낡은 신비주의나 종교적 창조론이 아니다. 자연계는 단순한 원리를 이용해 다양성과 풍부함, 다윈이 말한 "가장 아름다운 온갖 형태"를 만들어 낸다. 그 아름다움의 일부가 이 책에 담겨 있다.

패턴 팔레트
자연에서는 특정한 형태, 모양, 패턴이 반복된다. 서로 아무 관계가 없는 것처럼 보이는 계들에서 말이다. 사진의 마노 조각에서 자연이 패턴을 그리는 데 사용하는 요소들을 여럿 볼 수 있다.

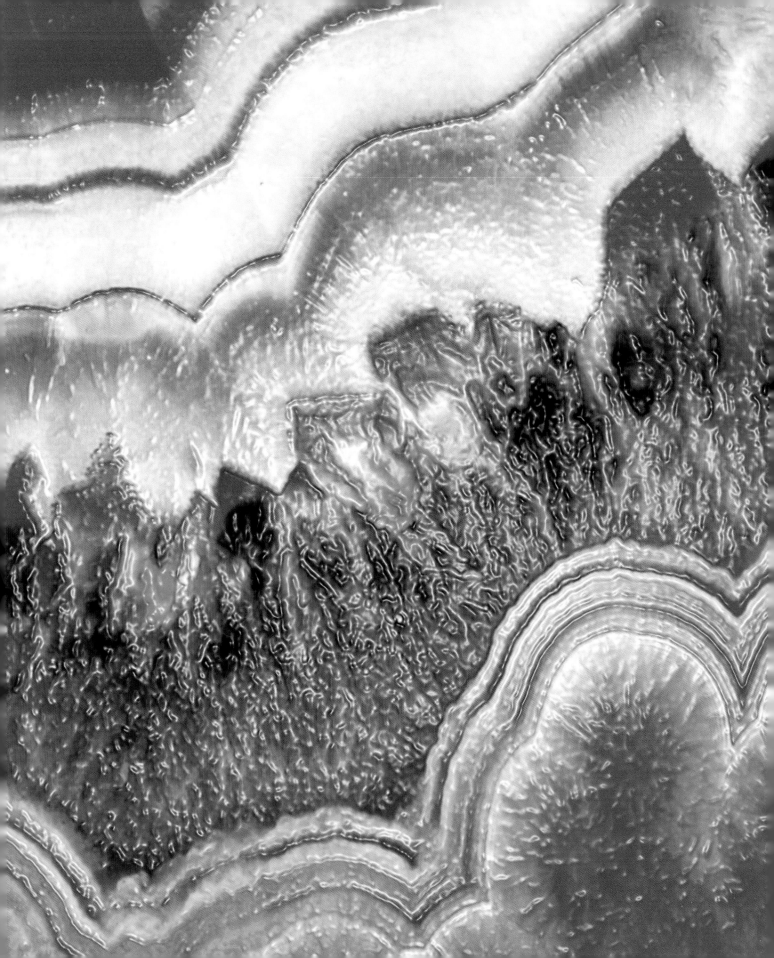

도대체 패턴이란 무엇일까? 보통 우리는 그것을 계속해서 반복되는 어떤 것으로 생각한다. 대칭성의 수학은 이러한 반복이 어떤 모습인지 기술한다. 또한 왜 어떤 모양이 다른 모양보다 더 질서 있는지 이야기해 준다. 그렇기에 대칭성은 패턴과 형태를 설명하는 근본적인 과학 '언어'인 것이다. 대칭성은 사물이 거울에 반사되거나 회전하거나 이동할 때 어떻게 변하는지를 설명한다. 하지만 대칭성에 대한 우리의 직관은 기만적일 수 있다. 일반적으로 자연의 모양과 형태는 대칭성이 생겨서가 아니라 완벽한 대칭성이 깨져서 출현한다. 모든 것이 어디서나 똑같고 완벽하고 지루한 균일성이 붕괴되는 것이다. 따라서 이것은 중요한 질문이다. 모든 것이 균일하지 않은 이유는 무엇인가? 대칭성은 왜, 어떻게 깨지는가?

옛날부터 사람들은 질서정연한 우주를 꿈꾸어 왔다. (아마도 그때는 사람들이 자연의 무작위한 변덕에 더욱 취약했으리라.) 고대 그리스 철학자 플라톤은 기원전 4세기에 "모든 것이 좋아야 하고 가능한 한 지금까지 아무것도 불완전한 것이 없기를 바라는 신은 보이는 우주를 무질서에서 질서로 축소했다. 왜냐하면 신은 질서가 모든 면에서 무질서보다 더 낫다고 판단했기 때문이다."라고 기록했다. 플라톤이 상상한 우주는 조화, 비례, 대칭의 개념에 기초한 기하학적 원리를 이용해 창조된 우주였다. 이것은 이후로도 오랫동안 강한 공명을 불러일으켜 온 관점이다. 대칭은 현대 물리학자들이 세계를 이해하기 위해 이용하는 주요 개념 중 하나이다. 현대 물리학자들은 우주의 심연에 자리한 법칙은 대칭성의 특징을 보여 줄 것이라고 믿고 있다.

우리가 자연에서 발견하는 대칭과 패턴의 이런 특징들은 정확히 무엇이며, 어디에서 오는 것일까? 대칭성을 이해하는 가장 좋은 방식은 그것을 어떤 방법으로 바꾸어도 이전과 똑같은 모습을 갖는 물체나 구조의 성질로 보는 것이다. 구를 생각해 보라. 당신은 그것을 어느 방향으로든 돌릴 수 있지만 겉보기에는 변하지 않으므로 결코 그 회전을 눈치 채지 못할 것이다. 아니면 모눈종이에 그려진 격자를 생각해 보라. 선들과 정확히 나란하게 종이를 한 칸 움직이면 격자는 처음 보았던 모습 위에 겹쳐질 것이다.

이 둘은 모두 대칭성을 갖지만 그 종류는 다르다. 구는 소위 '회전 대칭성'을 갖고 있는데, 회전으로 겉모습이 변하지 않는다는 뜻이다. 모눈종이는 (가장자리를 무시하면) '병진(竝進) 대칭성'을 갖는다. 여기서 '병진'은 특정 방향으로의 이동을 의미한다. 사실 구는 완벽한 회전 대칭성을 가지는데, 이는 어느 방향으로 돌든 대칭이라는 뜻이다. 그 대신 육각형과 오각형 조각을 붙여 만든 축구공을 상상해 보라. 오직 특정한 회전각에서만 처음 위치의 육각형과 오각형에 정확히 포개질 것이다.

또 다른 종류의 대칭성은 '반사 대칭성'인데, 그 의미는 정말 이름 그대로이다. 모눈종이 위에 거울을 세

1 미묘한 대칭성
성게의 일종인 별선인장은 오각형처럼 5겹 대칭성이 있어 보이나 타원형 구멍이 있어 대칭성이 깨져 있다.

2 조약돌의 대칭성?
조약돌조차 수학 용어를 통해 기술할 수 있는 고유 모양이 있다. 수학자들은 조약돌 표면의 곡률이 가지는 범위를 기술해 조약돌의 패턴을 설명할 수 있다.

워 보자. 거울에 반사된 모습이 그 아래 놓인 종이와 똑같다. 이것은 오직 거울 면이 똑바른 위치에 놓였을 때만 그렇다. 격자 선 중 하나를 따라가거나 정확히 정사각형 중심에 있어야, 당신이 볼 수 있는 정사각형 반쪽과 거울에 반사된 반쪽이 하나의 완전한 정사각형처럼 보인다. 거울을 놓을 수 있는 또 다른 위치가 있다. 정확히 정사각형의 대각선, 즉 격자 선과 45도 각도를 이루게 놓는 것이다. 이것은 이 패턴이 가지는 또 하나의 '대칭면'이다. 만약 각도가 45도에서 조금만 다르면 거울상은 거울이 가린 원래 격자에 정확히 포개지지 않는다. 바른 대칭면이 아닌 것이다.

수학자들은 이와 같은 회전, 병진, 반사를 대칭 조작(대상의 모습을 바꾸지 않는 동작)이라고 한다. 덧셈 기호(+)와 정사각형은 동일한 대칭성을 가진다. 즉 그 모습을 바꾸지 않는 대칭 조작들의 집합이 서로 같다는 뜻이다. 한편 정사각형 격자는 꿀벌의 벌집이나 치킨 와이어(구멍이 육각형인 철사 그물. ─ 옮긴이) 같은 육각형 격자와는 다른 대칭 조작 집합을 가진다.

대칭과 생명

자연에서 우리가 가장 흔히 볼 수 있는 대칭 중 하나는 좌우 대칭이다. 이 대칭성을 가지는 개체는 그 가운데에 거울을 놓고 보면 변화가 없다. 다시 말해 이 물체는 왼쪽과 오른쪽이 서로 거울상이다. 물론 이것은 인체의 특징이기도 하다. 비록 인생사의 크고 작은 굴곡들과 사고들이 이 대칭을 불완전하게 만들지만 말이다. 얼굴이 대칭적인 사람일수록 평균적으로 더 호감을 준다는 몇 가지 증거가 있다. 좌우 대칭 몸을 가진 동물들은 더 대칭적일수록 더 많은 짝을 가진다는 주

장도 있다.

좌우 대칭은 동물 체형의 기본 성질에 가까워 보인다. 물고기, 포유류, 곤충, 새 모두 이런 속성을 공유한다. 왜 그럴까? 하나의 가능성은 좌우 대칭이 특정 방향으로의 이동을 보다 용이하게 한다는 것이다. 불가사리의 들쭉날쭉 어색한 몸과 비교해서 물고기의 유선형 몸을 생각해 보라. 또 다른 가능성은 좌우 대칭 몸을 가진 생물에서 척추와 중추 신경계가 발달한다는 것이다. 이것이 가능해야 신경망에서 뇌가 만들어진다. 불가사리조차도 좌우 대칭인 조상으로부터 진화해 왔다. 사실 그 유생들은 여전히 좌우 대칭이다. 불가사리는 오직 성체가 될 때 5겹 대칭성을 갖는 몸이 된다. 이런 종류의 모양, 즉 어떤 축을 중심으로 특정한 각도만큼 회전해야만 자기 자신과 포개질 수 있는 경우를 '방사(放射) 대칭성'이라고 한다.

동물은 적어도 5억 년 전에 좌우 대칭의 신체 구조를 처음 획득했다. 이런 형태를 공유하지 않는 동물계의 분과들은 대신 대칭성에 보다 관대하거나 대칭성이 전혀 없는 형태를 보인다. 예를 들면 해면과 산호가 있다. 관, 가지, 주름진 곰팡이 같은 모양을 가진 탓에 해면과 산호는 바다 식물로 쉽게 오인을 받는다. 말미잘의 일종인 안토플레우라 미카일세니(*Anthopleura michaelseni*)는 방사 대칭 형태를 띤다.

대칭성 깨짐과 자기 조직화

생물과 무생물을 포함해 모든 종류의 계와 과정은 자발적으로 적든 많든 질서와 패턴을 띠는 상태로 가는 방법을 찾아낸다. 다시 말해 '자기 조직화(self-organization)'한다. 이를 설명하기 위해 더 이상 어떤 신

"대칭은 현대 물리학자들이 세계를 이해하기 위해 이용하는 주요 개념 중 하나이다."

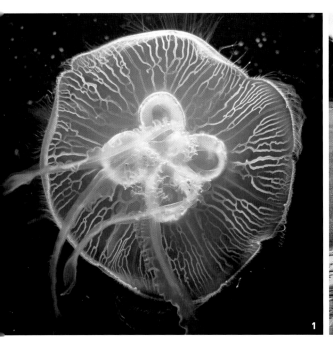

성한 계획의 도움을 받을 필요는 없다. 하지만 그렇다고 해서 그것이 일어나는 것을 볼 때 느끼는 경이로움을 일부러 억누를 필요도 없다. 어떤 청사진이나 계획 없이도 분자, 입자, 알갱이, 바위, 유체, 생체 조직은 스스로 질서를 잡고 규칙적이고 때로는 기하학적인 패턴을 만든다. 자연 법칙은 '공짜로' 질서를 가져오는 것처럼 보인다. 우리는 계를 이루는 개별 구성 요소가 어떻게 행동하는지를 결정하는 기본 법칙에서 패턴을 낳는 어떤 처방전도 찾을 수 없지만 어떤 계에서는 패턴이 나타난다. 이런 경우 패턴과 질서가 '창발(emergence)'했다고 말한다. 그것은 계를 이루는 부분들을 환원적으로 분석해 유추할 수 있는 성질이 아니라 계 전체에서 떠오르는 성질이다.

대칭은 패턴이 발현하는 현상을 이해하기 위한 출발점 중 하나이다. 왜냐하면 일상 용어에서 우리는 패턴을 대칭과 연관시키기 때문이다. 예를 들어 벽이나 페르시아 양탄자의 디자인을 생각해 보라. 우리는 자연에서 패턴의 자발적인 형성을 대칭의 자발적인 형성과 관련이 있다고 생각하는 경향이 있다. 사실 그 반대가 옳다. 패턴은 대칭성이 (부분적으로) 깨져 나타난다.

여러분이 생각할 수 있는 가장 대칭적인 것은 어느 방향으로든지 회전시킬 수 있고, 거울에 반사시킬 수 있고, 이동시킬 수 있으면서도 여전히 똑같이 보이는 것이다. 완벽하게 균일한 것이라면 그럴 것이다. 따라서 처음에 패턴이 없고 균일한 무언가에서 패턴을 얻기 위해서는 대칭성을 줄여 가는 과정이 필요하다.

1 해파리
"가장 아름다운 온갖 형태."
찰스 다윈이 진화가 만들어 낸 모양들을 묘사한 말이다.

2 갯벌
자연의 힘이 각인한 패턴이 모래 위에 자발적으로 나타난다.

3 나방
두 반쪽의 이야기. 아틀라스나방.

"좌우 대칭성은 동물 체형의 기본 성질에 가까워 보인다.
물고기, 포유류, 곤충, 새 모두 이런 속성을 공유한다."

4 산호
방사 대칭성을 가지는
산호. 돌려 보면 특정
각도마다 똑같이 보인다.

5 민물히드라
민물히드라의 별 모양
방사 대칭성.

바로 과학자들이 '대칭성 깨짐(symmetry-breaking)'이라고 부르는 과정이다. 처음에는 똑같았던 것을 다르게 바꾸는 자연의 과정이다. 대칭성이 많이 깨질수록 패턴은 더 미묘하고 정교해진다.

무작위성은 균일성의 반대 성질처럼 보이지만 둘은 동등하다. 무작위적 구조는 평균적으로 완벽히 대칭적이고 균일하다. 이것은 공간에서 '특별한' 방향을 인식할 수 없다는 뜻이다. 자연계에서 완벽한 균일성이나 무작위성은 놀랍게도 찾기 어렵다. 적어도 일상생활에서는 말이다. 해변에 서 보라. 구름이 하늘에 흩어져 있다. 아마도 줄지어 있거나 깃털 모양으로 패턴화되어 있을지 모른다. 바다 표면은 뚜렷이 구별되는 펄스와 함께 해변에 도달하는 파도로 주름져 있다. 해변 근처 식물들은 각자 고유 모양의 꽃과 잎을 가지고 있다. 물의 가장자리 모래는 물결 모양으로 흔적이 파여 있고, 섬세한 나선 무늬를 가진 조개 껍데기가 사

방에 흩뿌려져 있다. 사방에 모양과 형태가 있는 것이다. 다양하지만 무작위성과도, 균일성과도 거리가 멀다. 대칭성이 계속 깨지는 것이다.

대칭의 원인과 결과

자연 세계에서 대칭성이 깨질 때 그 원인을 예측할 수 없는 경우가 종종 있다. 바로 여기에 말하려는 바가 있다. 마구잡이로 쌓여 있는 벽돌 더미를 규칙적인 패턴을 가진 벽으로 만든다면 그것은 각각의 벽돌을 제자리에 놓았기 때문이다. 종이 한 장이 가지고 있던 균일한 대칭성은 종이 비행기를 만들면 깨진다. 종이를 접었기 때문이다. 다시 말해 대칭성은 그런 식으로 깨지도록 하는 어떤 힘(가령 손의 움직임) 때문에 깨진다는 것이다. 이 대칭성 깨짐이 어디서 왔는지는 명백하다. 바로 우리가 그렇게 한 것이다.

스플래시(splash), 즉 잔잔한 수면에 물방울이 떨어

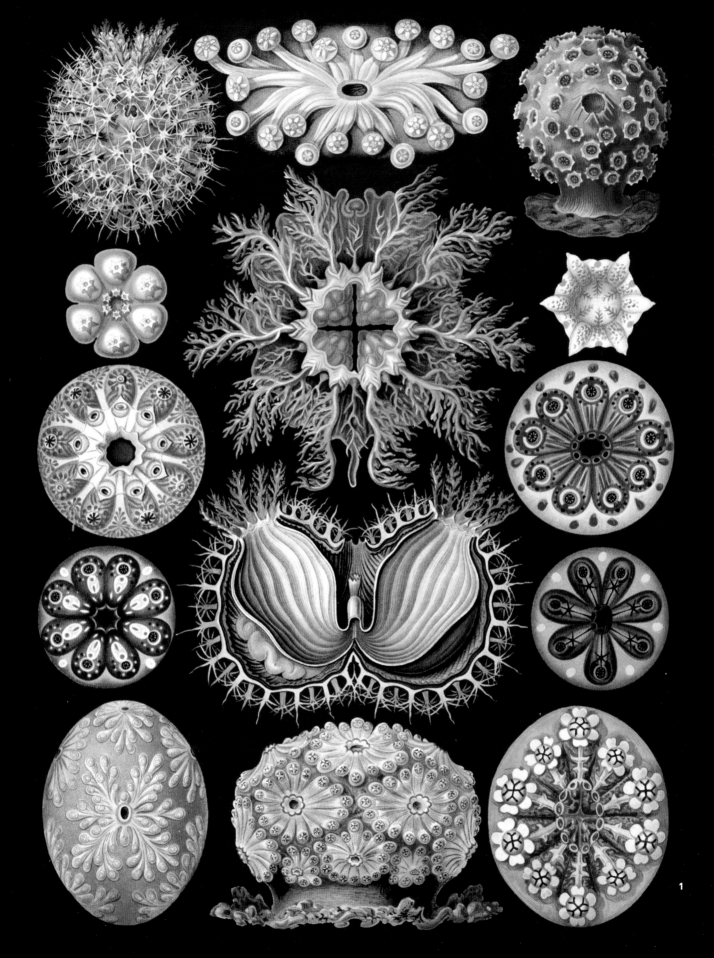

1

지는 경우와 비교해 보자. 처음에는 완벽한 원형 대칭이다. 즉 수면의 어느 방향에서 보든 똑같아 보인다. 하지만 튀어오른 스플래시의 테두리는 일련의 작은 점들로 쪼개진다. 그리고 꼭짓점 끝에서 작은 물방울을 뱉어내는 왕관을 만들어 낸다. 이제 더 이상 스플래시는 원형 대칭성을 가지지 않게 되고, 불가사리 모양의 더 낮은 수준의 방사 대칭성을 얻게 된다. 이 경우 어떤 방향은 다른 방향과 구분된다. 물방울이 떨어져 스플래시가 만들어지는 과정은 물방울 자체의 대칭성이 자발적으로 낮아지는 것이다.

이 책에서 더 많은 대칭성 깨짐의 예를 보게 될 것이다. 물을 아래로부터 고루 가열하면 물이 맨 위에서 바닥까지 순환하는 작은 세포들로 나뉜다. 한 덩어리의 물질을 사방에서 압축하면 그물 모양의 균열이 생긴다. 화학 용액을 완벽하게 섞을 때에는 나선형의 패턴이 형성된다. 이것이 바로 수많은 자연의 패턴이 형성되는 방법이다. 마치 무의미한 풍경 속에서, 마술처럼 말이다.

거미줄에서도 패턴의 형성을 볼 수 있다. 거미줄 자체가 멋진 자연의 패턴이지만 자발적으로 형성된 것은 아니다. 우리가 그러하듯 거미도 그것을 힘들게 만든다. 각각의 실을 제자리에 늘어놓아서 말이다. 하지만 아직 아침 이슬이 그대로 있을 때 거미줄을 살펴보라. 그러면 진주가 걸려 있는 것처럼 작은 물방울로 아름답게 장식된 거미줄을 보게 될 것이다. 거미가 거미줄에 물방울들을 수놓은 것일까? 전혀 그렇지 않다. 물방울들은 거미줄을 두른 이슬이 뭉쳐서 자기 조직화된 것이다. 거미줄처럼 가느다란 물기둥은 불안정하다. 그래서 물결 모양으로 발달하게 된다. 이 물결은 거미줄에 꿴 작은 구슬 모양으로 바뀌게 되고, 각각의 구슬은 물결의 마루에 위치하고 일정한 간격을 두고 자리 잡게 된다.

자연의 예술
20세기가 시작될 무렵 독일의 생물학자 에른스트 헤켈은 피낭류(1)와 극피류(2) 같은 해양 무척추 동물이 가지고 있는 장식적이고 인상적인 대칭성과 색을 때로는 지나치게 정교하다 싶을 정도로 상세하게 묘사했다.

대칭성은 패턴과 모양에 대해 유용한 사고 방식을 제공한다. 심지어 겉보기에 불규칙하고 대칭성이 전혀 없어 보이는 사물에서도 수학적으로 숨은 질서를 찾을 수 있다. 조약돌을 보라. 어떻게 그 모양을 기술할 수 있을까? 공처럼 둥근 모양인데 완전한 구는 아니다. 완전한 구는 수학적으로 정의하기 쉽다. 구의 표면은 어디나 곡률이 똑같다. 하지만 조약돌의 경우 곡률이 위치마다 약간씩 다르고 조약돌마다도 서로 다르다. 따라서 곡률이 어떤 범위를 가진다. 일반적인 '조약돌 모양'은 여러 조약돌을 택해서 상대적으로 곡률이 얼마나 다른지를 보여 주는 그래프로 기술할 수 있다.

구와 달리 조약돌은 볼록한 부분 말고 오목한 부분, 즉 부풀어 오른 부분 말고 홈이 파인 부분도 가지고 있다. (감자도 비슷한 모양인데 껍질을 벗기기 어려운, 작고 오목한 부분이 있다.) 수학적으로 이런 부분들은 음의 곡률을 가진다고 말한다. 따라서 조약돌의 곡률 분포 그래프는 양수의 값뿐만 아니라 음수의 값까지 가지게 된다. 그런데 어떤 조약돌을 선택하든지 전반적인 곡률 그래프의 모양은 모두 같다! 개별 조약돌의 모양은 다르지만 곡률 분포로 기술되는, 단 하나의 평균적인 '조약돌 모양'이 있는 것이다. 이렇게 수학은 겉으로 드러난 다양성의 바탕에 있는 보편적인 형태를 찾아낸다.

자연의 곡선
자나방류의 혀는 우아한 나선을 그린다. 규칙적으로 배열된 잔털이 혀를 덮고 있다.

"심지어 겉보기에 불규칙하고 대칭성이 전혀 없어 보이는 사물에서도 수학적으로 숨은 질서를 찾을 수 있다."

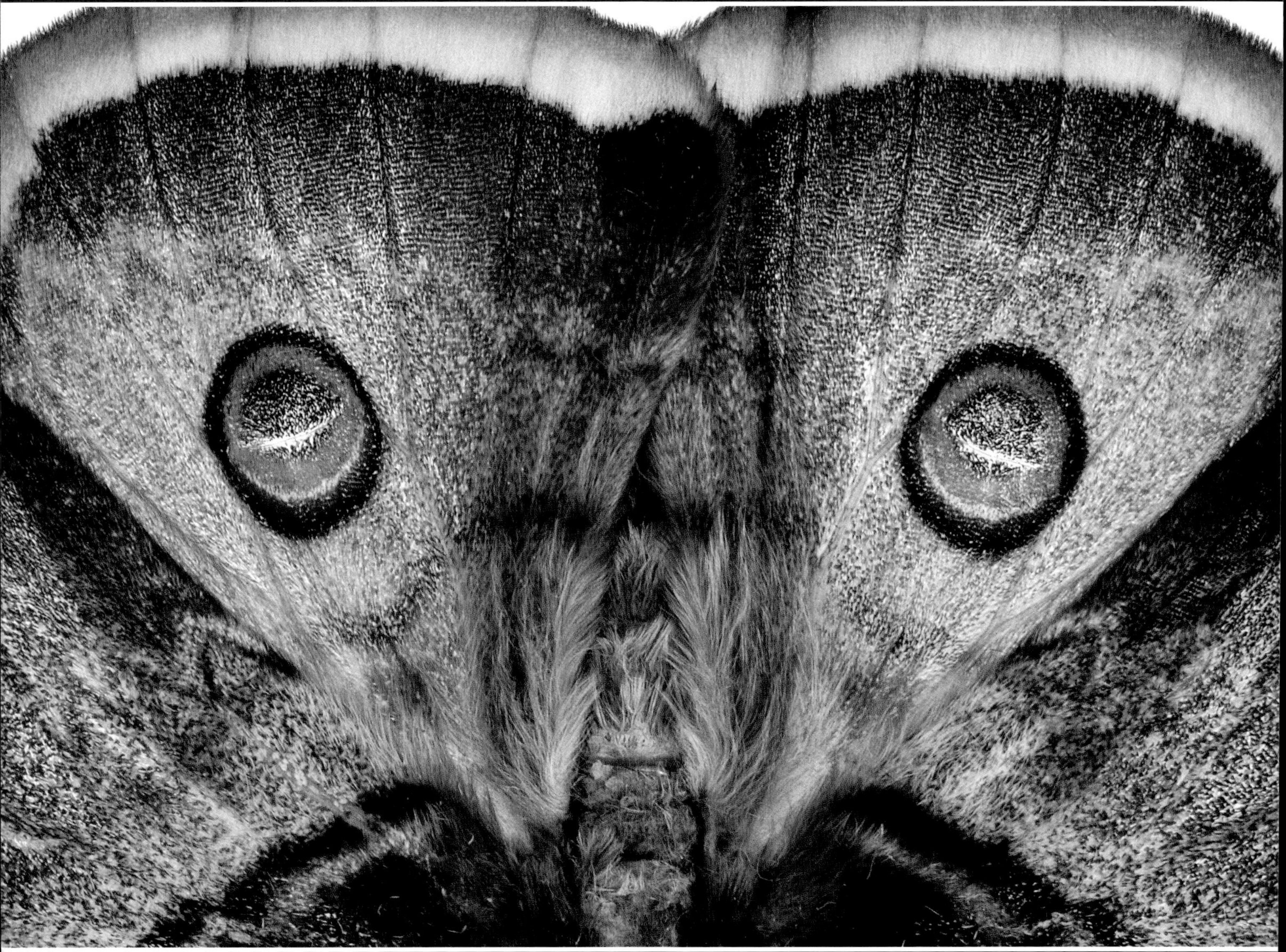

우연한 의태(擬態)

왼쪽은 황제산누에나방과
나방의 날개이고 오른쪽은

꽃가루의 숨겨진 질서
우리는 등대꽃(2) 등의
꽃가루 알갱이(1)에서
패턴과 질서를 직관적으로
알아볼 수 있다. 형식적인
수학적 대칭성이 명확하게
보이지 않더라도 말이다.

방사 대칭이라는 주제의 우아한 변주
다섯 해파리가 자연의
창조성을 보여 주고 있다.

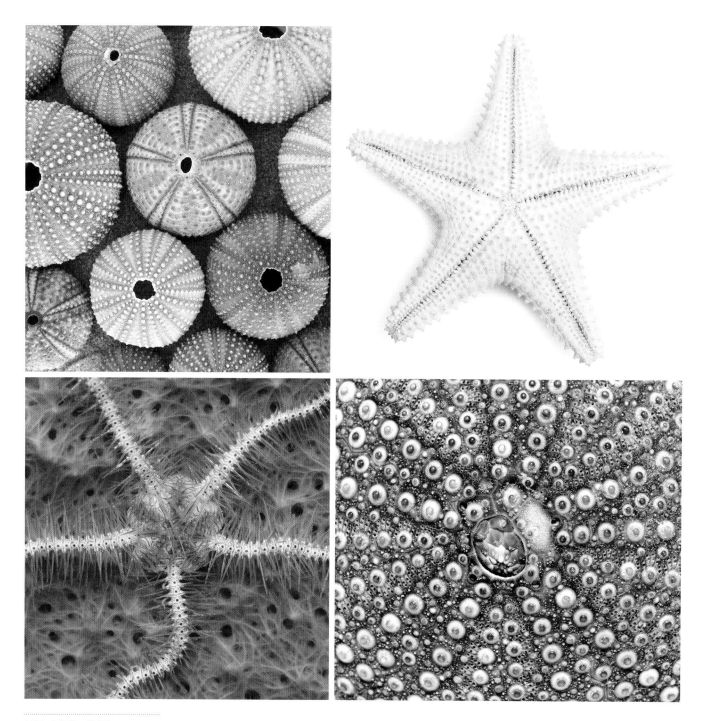

'5'를 사랑하는 생물들

5겹 대칭은 불가사리와 성게 같은
극피동물에서 쉽게 관찰할 수 있다.
이상하게도 이것들은 좌우 대칭성이
있는 생물로부터 발생했다.

곤충의 좌우 대칭 체제(體制, body plan)

외계인처럼 보이지만 실잠자리의 좌우 대칭 머리(1)는 묘하게도
휴머노이드 로봇 느낌을 준다. 줄무늬노린재(*Graphosoma lineatum*)(2),
비단벌레(3), 제왕나비(4)는 엄밀한 거울 대칭성을 보여 준다. 깔따구
번데기(5)에서도 자연이 공들여 만든 좌우 대칭성을 확인할 수 있다.

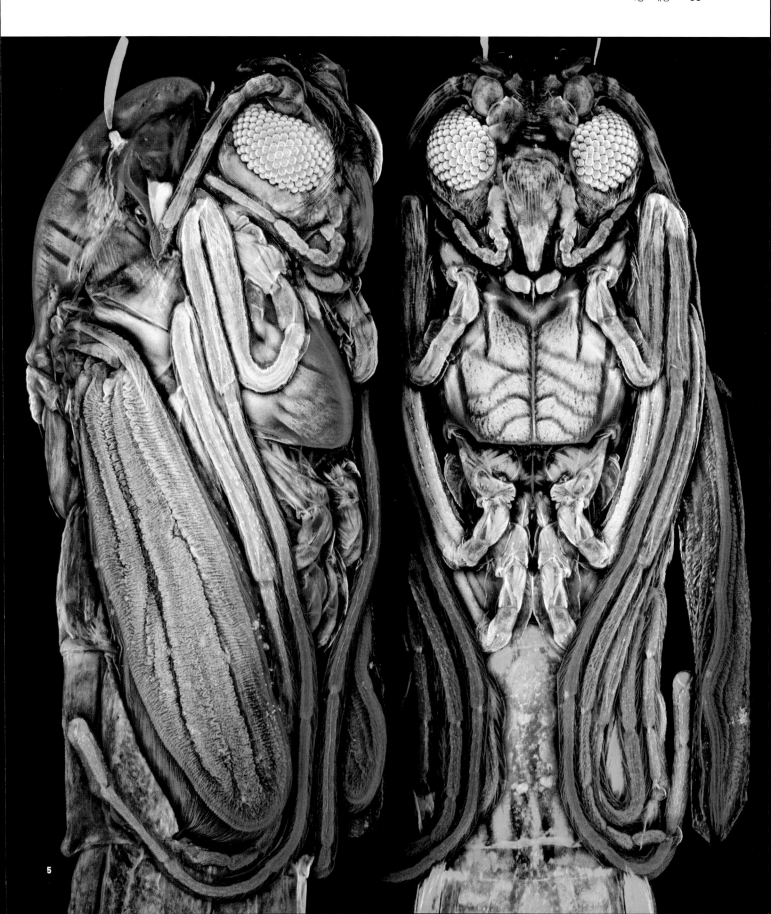

5

왼쪽처럼 오른쪽도
남방공작나비(1),
동부호랑나비(2), 인도달나방(3),
동남아시아아틀라스나방(4),
제왕나비(5)의 생김새와
무늬에서 대칭성이 복잡하지만
보존되고 있음을 알 수 있다.

동물의 왕국을 가로지르는 좌우 대칭성
호랑이(1), 공작새(2), 관수리(3),
그레비얼룩말(4), 아르헨티나뿔개구리(5).

1

물고기의 데칼코마니
복어(1), 샌드다이버(2).

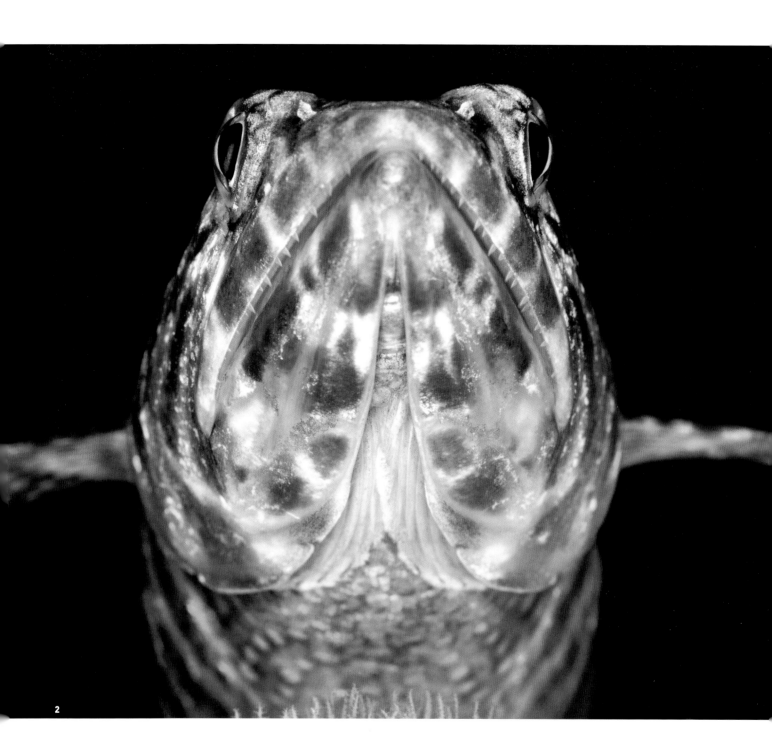

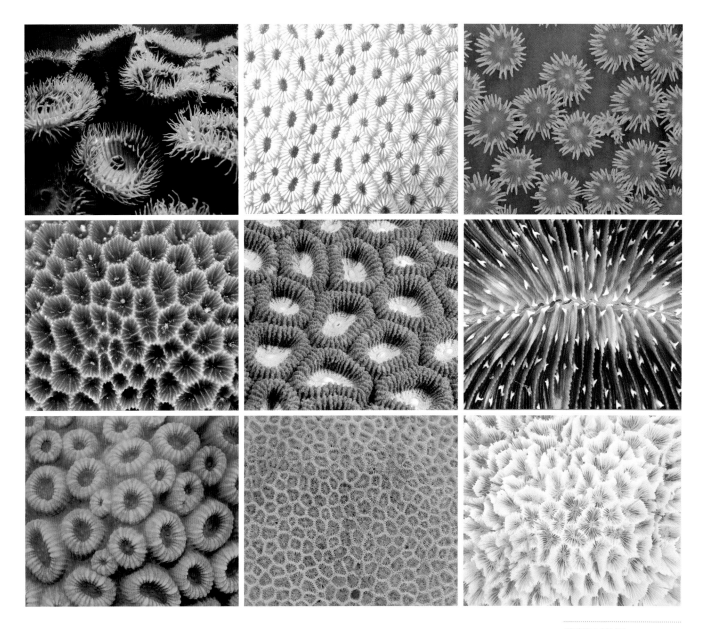

대칭인듯 아닌듯
말미잘과 산호는 넓은 범위의
구조와 패턴을 보여 준다.
하지만 그중 어느 하나도
수학적인 의미에서 정확한
대칭성이 있지는 않다.

질서의 가장자리
복잡하게 얽힌 말미잘의 패턴.

스플래시
튀어오른 물의 왕관이
가지고 있던 회전 대칭성은
테두리가 더 작은 물방울로
쪼개지면서 깨지게 된다.

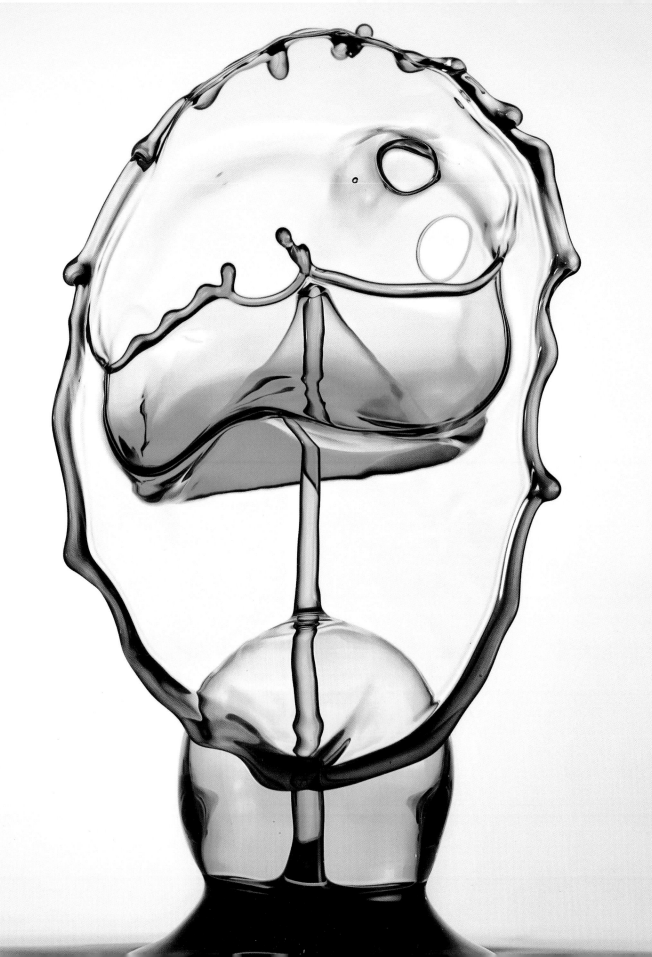

2장 | 프랙탈

산이 두더지가 파 놓은
흙 두둑처럼 보이는 이유

들쭉날쭉한 해안선을 척도(scale) 없이 들여다보고 있으면 그것이 1킬로미터에 걸쳐 길게 뻗어 있는 것인지,
아니면 10킬로미터, 100킬로미터를 뻗어 있는 것인지 알 수 없다. 이렇게 서로 다른 척도에서 구별할 수 없는
배열의 성질을 프랙탈(fractal)이라고 한다. 이것은 자연의 패턴이 가진 두드러진 특징 중 하나이다. 솜털 같은
구름의 가장자리, 나뭇가지 끝의 잔가지가 나무의 전체 모양을 모방하는 방식, 허파의 기관지에서 반복되는
수지상 구조를 생각해 보라. 사실 프랙탈은 자연의 구조라고도 불려 왔다. 자연에 존재하는 많은 프랙탈은
처음 볼 때는 무질서해 보인다. 나무나 산세는 정확한 대칭성은 없지 않은가. 그러나 프랙탈 성질이 패턴에
'숨겨진 논리'를 드러낸다. 다시 말해 척도가 줄어들어도 똑같은 일반적인 형태가 계층적으로 반복된다는
것이다. 이러한 논리를 만들어 내는 과정은 과연 무엇일까? 그리고 왜 이것이 생물계에 유용한 것일까?

벌집처럼 대칭성을 가진 자연의 패턴은 우리에게 놀라움과 즐거움을 준다. 그것은 정확히 그런 자연 사물이 매우 드물기 때문이다. 자연은 그러한 엄격한 질서와 규칙성을 쉽사리 보여 주지 않는다. 앙상한 겨울 나무의 가냘프고 섬세한 실루엣, 울퉁불퉁한 산세 등 우리가 자연에서 발견하는 것들 중에는 예측 불가능하고 불규칙한 것들이 더 흔해 보인다.

하지만 이러한 구조들에도 숨은 패턴이 있다. 모양이나 형태의 생성 원리는 그것을 수학적으로 기술하려 할 때 온전히 밝혀진다. 하지만 이미 우리는 그러한 세부 지식 없이도 일종의 질서를 직관적으로 알아차릴 수 있다. 나무가 가지를 뻗어 가는 모양을 보면 완전히 무작위하게 배치된 것에는 없는, 확실히 우리를 기쁘게 하고 황홀하게 만드는 무언가가 있다. 이 마술의 재료가 어디에 있는지 알아내기는 어렵지 않다. 나무의 모양은 복잡해서 사각형이나 육각형을 기술하듯 쉽게 설명할 수는 없다. 그러나 그러한 모양을 만드는 과정에 초점을 맞춘다면 우리는 매우 간결한 기술

을 할 수 있을 것이다. 나무의 모양은 '계속해서 가지를 내는 하나의 줄기'라고 말이다.

이러한 기술이 바로 알고리듬(algorithm, 어떤 구조를 만드는 지침, 또는 조금 더 일반적으로 어떤 결과를 얻기 위한 과정이나 절차)이다. 개인적인 생각으로는, 나무의 모양에서 난해함과 복잡함보다 즐거움을 '느끼는' 이유는 우리가 그것을 만드는 알고리듬의 단순함을 느끼기 때문이다.

이 알고리듬의 아주 작은 변화가 아주 광범위한 나무 모양 변화를 만들 수 있다. 만약에 가지가 갈라져 나가는 각도가 작고 가지가 직선으로 뻗어 나간다고 하면 포플러나무 같은 연결망을 가지게 될 것이다. 만약 가지가 갈라져 나가는 각도가 넓고 가지가 구부러지고 비틀어진다면 결과는 참나무와 비슷해질 것이다.

이렇게 보면 처음에는 원뿔이나 정육면체와 비교해서 기하학적으로 매우 복잡해 보이는 깃에서도 그 바탕에 깔려 있는 단순성을 볼 수 있다. 이러한 구조를 수학적으로 설명할 수는 없을까? 나무는 1장에서 설

명했던 대칭성을 전혀 가지지 않는다. 즉 회전시키거나 거울에 비춰서 똑같은 모습을 만들 수 없다. 아마도 우리는 기하학적 구조가 그 패턴에 대해 실제로 어떤 정보도 주지 않는다고 결론을 내릴지 모른다.

그러나 그렇지 않다. 단지 '다른' 종류의 구조가 필요할 뿐이다. 그것은 프랙탈 구조라고 불리며 우리가 '자연의 구조'라고 말하는 것이다.

프랙탈 구조의 핵심은 그것이 만들어 내는 형태에 대한 알고리듬적인 접근에 있다. '나무 알고리듬'이 말하는 바는 바로 다음과 같다. 같은 종류의 구조(여기서는 분지점)를 훨씬 더 작은 척도에서 반복적으로 만드는 것이다. 이렇게 서로 다른 척도에서의 반복 때문에 나무의 작은 부분이 전체와 닮게 되는 것이다. 가지의 끝을 꺾어 보라. 그러면 다름 아니라 작은 나무처럼 생겼음을 알 수 있다. 끝없이 계속되는 분지 과정을 상상해 보자. 그러면 모양의 한 조각만 봐서는 그것이 얼마나 큰지 제대로 말할 수 없다. 나무 전체를 보고 있는 것인지, 1미터 정도의 나뭇가지를 보고 있는 것인지, 아니면 엄지손가락만 한 가지 끝을 보고 있는 것인지 알 수 없기 때문이다.

더 작은 척도에서 거듭 반복되는 이런 종류의 구조에 대해 '자기 유사성(self-similarity)'이 있다고 말하고는 한다. 프랙탈은 항상 자기 유사성이 있다. 그 구조는 '계층적'이다. 어떤 패턴이 다른 크기 척도에서도 반복된다는 것이다. 나무의 줄기는 계층 구조의 첫 단계가 되고, 가지는 다음 단계를 이루고, ……, 이렇게 반복되는 것이다.

자연 프랙탈 중에는 그 자기 유사성이 넓은 크기 척도 범위에 걸쳐 있는 것도 있다. 해안선은 1미터쯤 되는 거리(가령 갈라진 해안 절벽의 가장자리) 척도로 보나 수백 미터 척도로 보나 들쭉날쭉하고 불규칙해 보인다. 척도를 짐작케 해 주는 어떤 기준(가령 해안 절벽 위의 작은 집들)도 없다면 우리가 100미터 길이의 만을 보고 있는 것인지, 한 나라의 해안선 전체를 보고 있는 것인지 정말로 알 수 없다. 이것은 구름도 마찬가지이다. 그 희미한 가장자리 또한 프랙탈 모양이다. 그 일부를 보고서는 전체가 얼마나 큰지 말할 수 없다.

자연은 무작위적으로 들쭉날쭉한 해안선보다 더 질서정연한 프랙탈을 만들 수 있다. 어떤 식물들은 한 가지 분지 패턴을 엄격하게 따르므로 계층 구조의 각 단계는 정확히 그 바로 전 단계를 반영하면서 척도는 줄어든다. 고사리의 경우 크리스마스 나무 모양의 줄기가 일련의 하위 줄기에서도 나온다. 그 크기는 줄기 끝으로 갈수록 꾸준하게 줄어들고, 전체 줄기 자체의 완벽한 복제라고 할 정도로 그 모양이 유지된다. 더욱 매혹적인 예는 로마네스코브로콜리(*Brassica oleracea*)의 프랙탈 꽃봉우리이다. 원뿔 모양의 꽃봉우리가 그것과 똑같이 생겼지만 더 작은 원뿔들로 3단계 이상의 계층에 걸쳐 아름답게 장식되어 있다. 인도양 소코트라 섬의 용혈수(龍血樹)도 마찬가지로 인상적인데, 가지가 둘로 깔끔하게 나뉘는 분지 패턴이 반복된다.

나무의 프랙탈 분지에는 한계가 있다. 왜냐하면 실제 물체는 유형의 물질로 이루어져 있어 무한정 세밀해질 수 없기 때문이다. 다른 것은 몰라도 뒤틀림과 주름이 그 물체를 만드는 원자보다 더 작을 수는 없지 않은가. 상한선도 있다. 나무는 산만큼 커지지 못한다. 따라서 자연의 사물은 자기 유사적 프랙탈 구조를 특정한 척도 범위 안에서만 가질 수 있는 것이다.

"이렇게 보면 처음에는 기하학적으로 매우 복잡해 보이는 것에서도 그 바탕에 깔려 있는 단순성을 볼 수 있다."

하지만 어떤 수학적 프랙탈은 자기 유사성을, 아무리 세밀해진다고 하더라도, 얼마든지 유지한다. 숫자는 무한정 작아질 수 있기 때문이다. 1970년대에 수학자 브누아 망델브로는 여기에 '프랙탈'이라는 이름을 붙였고, 지금은 '망델브로 집합'으로 알려진 '수 공간'에 프랙탈 경계를 생성할 수 있는 공식을 발견했다. 이 울퉁불퉁한 '눈사람'의 가장자리는 더 작은 눈사람으로 덮여 있다. 자세히 들여다보면 이것들은 똑같은 기본 모양을 축소한 버전과 닮아 있기도 하고 때로는 미세한 톱니 모양의 가는 선이 밖으로 나 있기도 하다. 그 모양을 얼마든지 확대해도 똑같이 이상한 눈사람 모양이 계속해서 나타난다. 얌전하고 예의 바른 기하학적 모양에 익숙한 수학자들에게 이것은, 즉 순수한 숫자들이 이렇게 정교하고 섬세하며, 질서와 혼돈의 경계에 균형을 잡고 있는 무언가를 이끌어 낼 수 있다는 발견은 충격 그 자체였다.

성장하는 프랙탈

해안선과 산맥 같은 자연의 프랙탈은 점진적인 침식 및 제거 과정에서 형성된다. 그 반대 현상인 꾸준한 퇴적과 침전 과정도 변덕스럽고 예측 불가능한 모양을 만들 수 있다. 바위 속에 생성되는 '수지상 광물(dendrite)'을 보자. 그 형태가 너무 불규칙하고 유기물처럼 보여서 한때 원시 식물 화석으로 오해되기도 했다. 이것은 성장 속도가 느린 결정의 일종이다. 광물이 많이 포함된 액체가 바위의 구멍 속으로 흐르다가 작은 불용성 염(鹽)이 되어 퇴적되면 형성된다. 이 알갱이들은 가느다란 가지를 이루며 서로 들러붙고 자라다가 갈라지는 것이다. 또는 작은 탄화 물질이 공기 중에 부유하다가 서로 달라붙어 생긴 솜털 같은 검댕을 생각해 보자. 이것을 전자 현미경으로 보면 단단하면서도 희미한 구름 같은 3차원 프랙탈 덩어리를 볼 수 있다.

이것은 물질이 서로 달라붙는 응집 과정이다. 여기서 놀라운 것은 이것이 단지 밀집한 물질의 덩어리를 만드는 것이 아니라, 중간에 빈 공간이 많은 섬세한 수지상 구조를 보란 듯이 보여 주고 있다는 것이다.

공기나 물 속에서 무작위적이고 엉뚱한 경로로 부유하는 입자들로 이루어진 구름을 생각해 보자. 그 입자들은 서로 닿는 순간 달라붙는다. 이러한 응집 과정은 오히려 불규칙한 덩어리를 만들 것이다. 일단 우연히 덩어리가 생기면 그것은 나머지보다 더 빠

1 깎고 깎고 또 깎고
침식이 해안선을 여러 척도에 걸쳐 하부 구조를 가진 형태로 만든다.

2 끝없는 정교화
고사리는 잇따라 작아지는 하위 단계에서도 형태가 질서정연하게 반영되는 것을 보여 준다.

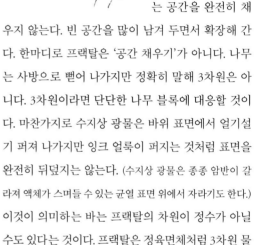

르게 성장
할 것이다. 순
전히 표면적이 넓기
때문에 다른 입자와 만날 가능성이
더 높다. 돌출부가 더 많을수록 더 크게
성장한다. 이것을 '성장 불안정성(growth
instability)'이라고 부른다. 덩어리가 자신을
더 크게 만드는 '자가 증폭(self-amplifying)'
의 되먹임 과정이다. 입자 운동의 무작위성
은 새로운 덩어리가 기존 덩어리 위에 형성됨을
의미한다. 즉 그것이 팔로 자라는데 그다음에는 여러
팔로 갈라진다. 이렇게 나무 모양 수지상 구조가 항상
하위 가지들로 정교화되는 것이다. 그리고 이러한 덩
굴손들이 밖으로 뻗어 나갈 때 엉뚱한 경로로 움직이
는 입자와 만나 덩굴손 사이 간격을 채울 가능성은 점
점 줄어들게 된다. 즉 그렇게 정처 없이 움직이는 입자
는 덩굴손 사이 피오르드 같은 계곡 속으로 들어가기
전에 가지를 만나 들러붙게 된다. 따라서 그 간격은 결
코 채워지지 않으며 응집 과정은 솜털 같고 공기 구멍
이 많은 덩어리를 만들게 된다.

이 예에서 볼 수 있듯이 프랙탈은 그것이 차지하

는 공간을 완전히 채
우지 않는다. 빈 공간을 많이 남겨 두면서 확장해 간
다. 한마디로 프랙탈은 '공간 채우기'가 아니다. 나무
는 사방으로 뻗어 나가지만 정확히 말해 3차원은 아
니다. 3차원이라면 단단한 나무 블록에 대응할 것이
다. 마찬가지로 수지상 광물은 바위 표면에서 얼기설
기 퍼져 나가지만 잉크 얼룩이 퍼지는 것처럼 표면을
완전히 뒤덮지는 않는다. (수지상 광물은 종종 암반이 갈
라져 액체가 스며들 수 있는 균열 표면 위에서 자라기도 한다.)
이것이 의미하는 바는 프랙탈의 차원이 정수가 아닐
수도 있다는 것이다. 프랙탈은 정육면체처럼 3차원 물

3

4

체도, 정사각형처럼 2차원 물체도 아니며 '2.몇' 차원 물체나 '1.몇' 차원 물체다. 프랙탈은 정수 차원 사이에 존재한다. 프랙탈의 차원이 커질수록 그것이 차지할 수 있는 공간도 커진다. 즉 더 조밀하게 분기한다. 이처럼 분수 차원(fractional dimension)을 갖기 때문에 프랙탈이라는 이름이 붙었다.

프랙탈 가지는 생물학에서 매우 흔하게 등장한다. 따라서 프랙탈 가지가 생명체에게 유용한 어떤 기능을 가진다고 생각할 수 있다. 가령 두 갈래로 갈라지는 허파의 기관지나 동맥, 정맥, 모세 혈관의 연결망을 생각해 보라. 이들도 나무와 마찬가지로 수지상 계층 구조를 가진 프랙탈이다. 이러한 분지망이 일종의 적응적 이익을 가져오리라는 생각에는 무리가 없을 것이다.

이러한 연결망은 생명에 꼭 필요한 유체(공기든 혈액이든 식물의 수액이든)를 분배하기 위해 존재하는 것이다. 나무 같은 구조가 몸이나 조직의 모든 부분에 유체를 대는 좋은 방법임을 알아차리기는 어렵지 않다. 하지만 그것이 모든 질문의 대답이 될 수는 없다. 자기와 닮은, 자기 유사 프랙탈 연결망의 큰 장점 중 하나는 (계의 일부가 전체를 반영하므로) 확장하기 쉽다는 것이다. 다시 말해 동일한 원리가 피그미 난쟁이나 코끼리의 혈관계, 모과나무나 세쿼이아의 가지를 만드는 데 적용될 수 있다는 것이다. 그리고 프랙탈 연결망은 정확히 말해서 '사이 차원(between dimension)'이므로 어떤 생물의 몸 전체를 채우지 않으면서 몸 전체에 퍼질 수 있어 특히 좋다. 또한 이러한 분지망은 에너지 측면에서 가장 효율적인 구조라는 것이 밝혀졌다. 즉 이러한 구조가 모든 지점에 유체를 수송하는 데 필요한 에너지를 최소화한다는 것이다. 이러한 에너지 절약은 생명체에 매우 큰 이득을 가져다준다.

프랙탈 붕괴
처음 물에 떨어지는 잉크 방울에는 특정한 크기가 있다. 하지만 물과 섞이면서 흐름이 난류가 되고 잉크는 여러 크기 척도 범위에서 구조화된 프랙탈 모습을 보인다.

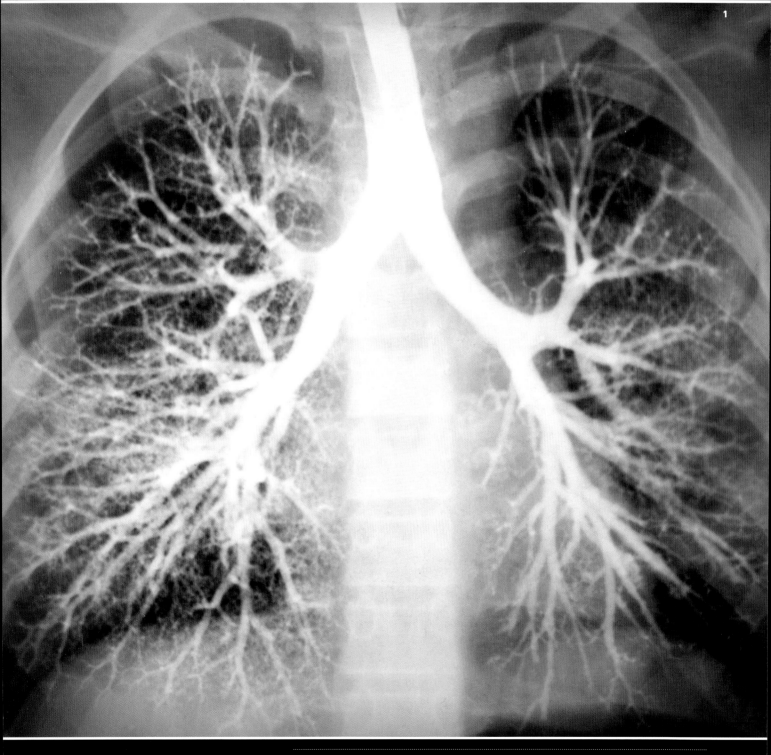

결정으로 이뤄진 '나무'
종종 고대 식물의 화석으로
오해받고는 하는 수지상 광물은
매우 아름다운 형태를 이룬다.

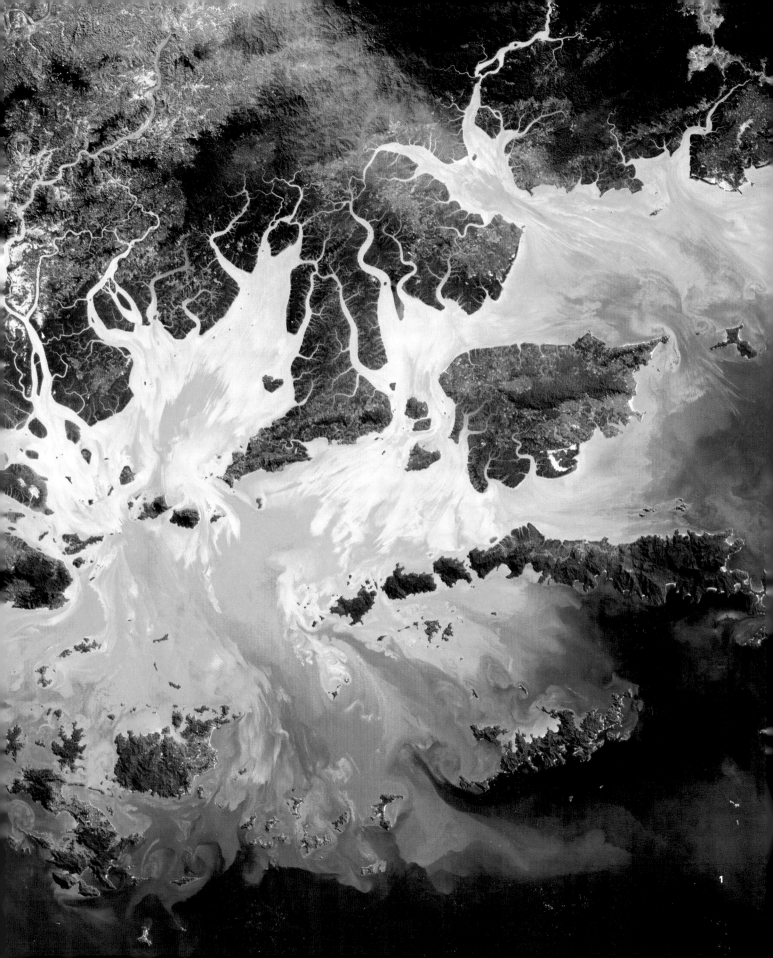

지리학적 프랙탈

침식을 일으키는 힘이 해안선의 형태를
정교하게 다듬고 산과 강의 계곡이
프랙탈 윤곽을 갖도록 조각한다. 미얀마
남부의 메르귀 제도(1), 카나리아
제도(2). 미국 뉴멕시코 주(3).

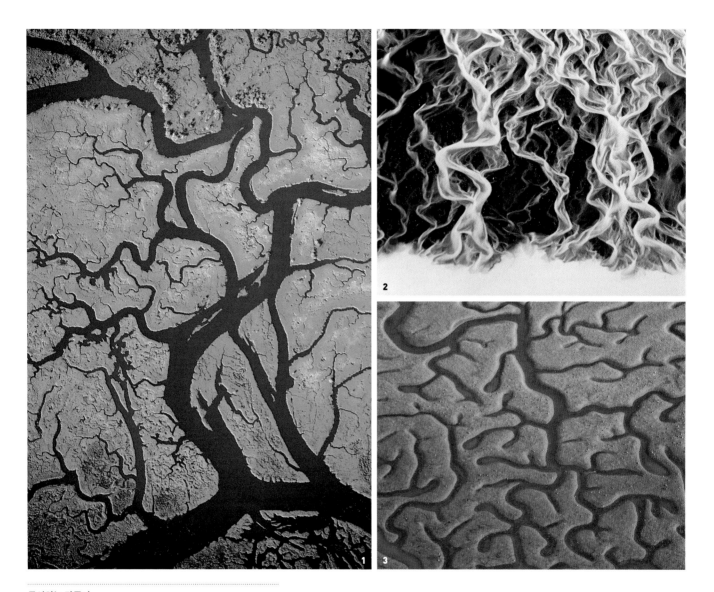

굽이치는 강줄기

강 연결망은 침식과 퇴적의 복잡한 과정으로 형성되며 그 형태가
다양하다. 하지만 일반적으로 '최적의 연결망'이라는 것이 있는데, 그것은
흐르는 물의 에너지를 가능한 한 가장 빠른 속도로 흩어지게 한다. 종종
이것이 프랙탈 분기 형태를 가져온다는 사실이 밝혀졌다. 미국 컬럼비아
강(1), 아이슬란드(2), 스페인 염성 습지(3), 러시아 시베리아(4).

둘로 나누기
예멘 앞바다 소코트라 섬의
용혈수처럼 질서정연하고
체계적인 프랙탈 분지
패턴을 보여 주는 예는
자연계에 많지 않다.

뿌리와 가지
나무의 수액 공급망은 나무 위와
아래가 같은 형태를 취한다.
왜냐하면 나무가 차지하고 있는
공간을 통과해 생명 유지에 없어서는
안 될 중요한 액체들을 운반하는 데
있어서 뿌리와 가지 두 형태 모두
특별히 효율적이기 때문이다.

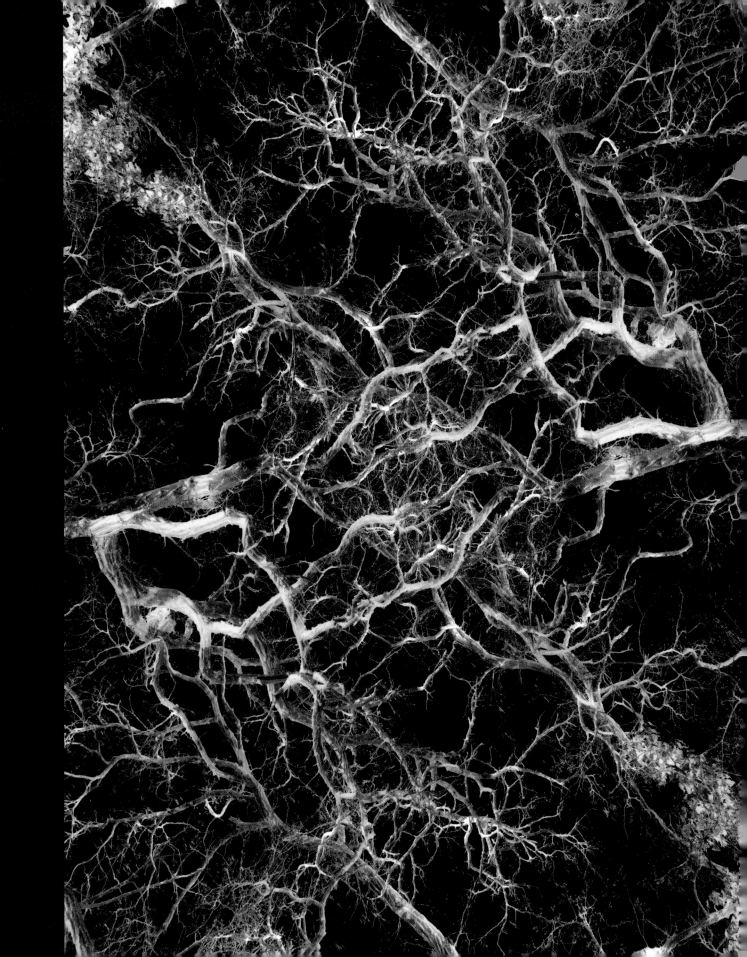

프랙탈 산
산의 프랙탈 윤곽은 여러 형태를 취할
수 있다. 어떤 것은 더 높고, 어떤 것은
더 평평하다. 하지만 이 모든 것이
다른 척도에서도 똑같이 반복된다.

수증기가 만드는 프랙탈
희미하고 들쭉날쭉하든
볼록하고 둥글든, 구름의
모양은 일반적으로
우리가 보고 있는 부분의
척도가 어떠한지에
대해 어떤 단서도 주지
않는다. 구름은 '척도
불변성'이라는 프랙탈의
특성을 잘 보여 준다.

확산에 최적화된 구조

영양분을 운반하는 수액이 서로 다른 척도에서 계층 구조를
가지는 잎맥의 분기를 통해서 잎 표면에 펼쳐져 있다. 나뭇가지나
뿌리와 달리 가지의 끝은 교차하고 합류될 수 있는데, 잎의
일부가 손상되면 대체 경로를 제공하는 고리를 형성하게 된다.

망델브로 집합

순전히 수학적인 프랙탈은 2차원 평면에 숫자를 고르는 방정식으로 만들어질 수 있다. 일반적인 실수는 동서 축을, -1의 이중 근호를 포함하는 허수는 남북 축을 이룬다. 실수와 허수 모두를 가지는 수, 즉 복소수는 이 두 축을 뛰어넘는 평면을 이룬다.

여기서 보는 것은 여러 척도의 배율에서 본 망델브로 집합의 단편이다. 망델브로 집합은 하나의 방정식으로 그려진다. 이 방정식은 한 숫자를 취하고 그것을 다른 숫자로 바꾸고 그다음에 그 방정식에 '되먹이는' 과정을 반복한다. 이러한 과정을 계속 반복하면서 수를 생성하는데, 유한한 상태를 유지하거나 무한한 상태로 성장하는 수를 만든다. 검게 보이는

망델브로 집합은 이러한 반복 과정에서 무한으로 성장하지 않는 수들이 차지하는 공간이다. 이 공간은 미세 구조가 다른 척도에서 반복된다. 나머지 공간을 각각의 수들이 무한대로 성장하는 속도에 따라 색칠하면 훨씬 더 많은 프랙탈 구조를 드러낸다. 사진에서 볼 수 있는 것과 같은 바로크 나선을 만들면서 말이다.

우주의 프랙탈

난류는 하나의 프랙탈 형태이다.
그 안에서 에너지는 더욱 미세한
척도로 흐르며 점점 작아지는 구조를
만든다. 결과적인 형태는 혼돈일 수
있다. (앞으로 어떻게 보일지, 또는
시간에 따라 어떻게 변화할지를
정확히 예측하는 것이 불가능하다.)
그럼에도 불구하고 그것은 수학적인
프랙탈 구조를 가진다. 일종의 '숨겨진
질서'를 표방하는 것이다. 그 결과물의
모양과 형태의 풍부함이 오리온
성운(왼쪽)과 타란툴라 성운(다음
쪽)의 기체와 먼지로 이루어진
난류 구름에서 명백히 드러난다.

3장 | 나선

달팽이와 해바라기의 비밀 수학

자연의 도처에서 나선을 볼 수 있다. 앵무조개의 껍데기에서부터 소용돌이치는 기체, 나선 은하의 별들에
이르기까지. 그런데 그것들이 서로 공유하는 무언가가 있을까? 전체적으로 그렇다. 자연의 나선 대부분은
로그 나선이라 불리는 모양을 가진다. 이것은 프랙탈처럼 작은 부분이 큰 부분과 똑같아 보인다는 뜻이다.
그러한 형태로 자라는 앵무조개 껍데기는 점점 커지면서 똑같은 모양을 유지하게 된다. 이러한 나선은
의외의 장소에서도 나타날 수 있다. 해바라기 머리의 작은 꽃들의 원형 배열은 서로 반대 방향으로 도는
두 로그 나선 집합으로 이루어진다. 그리고 흐르는 유체의 나선형 소용돌이가 있는데, 배수구 아래로
사라지는 목욕물부터 지구와 목성의 폭풍까지 다양하다. 이것은 자연의 보편적인 디자인 중 하나이다.

아주 작은 미물에서 우주까지 되풀이되는 나선. 무엇이 나선을 그토록 특별하게 만드는 것일까? 정말로 이러한 형태에는 공통성이 있는 것일까, 아니면 단지 우연의 일치일까? 달팽이 껍데기처럼 많은 자연의 나선은 단지 오래된 두루마리처럼 감긴 것이 아니다. 처음에는 점잖은, 거의 축 늘어진 곡선으로 시작하다가 중심으로 갈수록 점점 더 단단히 꼬여 있다. 이것은 정원의 호스를 둘둘 감아 만든 나선과는 다른 종류이다. 호스로 만든 나선의 경우에는 고리의 폭이 회전마다 똑같다. 이것이 핵심적인 차이이다.

감긴 호스의 나선을 '아르키메데스 나선'이라고 부른다. 고대 그리스 철학자 아르키메데스가 기원전 3세기에 자신의 책 『나선(On Spirals)』에서 그것을 설명했기 때문이다. 물리 세계에서 아르키메데스 나선은 일반적으로 폭이 일정하고 길거나 납작한 실제 물체, 가령 밧줄, 종이, 카펫, 벌레를 돌돌 만 것에서 볼 수 있다.

한편 달팽이 껍데기는 로그 나선, 또는 대수 나선이라 불리는 형태를 가진다. 그것을 기술하는 수학 방정식에 로그(대수)가 포함되어 있기 때문이다. 이 나선은 매우 특별한 성질을 가진다. 크든 작든 상관없이 그 모양이 항상 같다는 것이다. 이것은 자기 유사성의 또 다른 예라고 하겠다.

여기서 자기 유사성은 무엇을 의미할까? 나선은 항상 나선 모양이지 않은가? 그렇다. 하지만 차이점도 있다. 일례로 아르키메데스 나선은 어느 한도까지는 작게 만들 수 있지만 그 이상 더 작게 만들 수는 없다. 나선의 반지름이 고리의 폭과 같아질 때 한계에 이른다. 밧줄 굵기보다 더 단단하게 밧줄을 감을 수 없다. 그러나 로그 나선은 그 중심으로 회전하기 때문에 고리는 계속 더 좁아지면서 계속 나아갈 수 있다. 따라서 곡률이 계속해서 더 커진다. 작아지는 폭과 커지는 곡률이 완벽히 조화를 이루며 만드는 로그 나선은 그 크기에 한계가 없다고 말할 수도 있다.

이것을 또 다르게 말하자면 나선은 어떤 척도로 보든 상관없이 똑같은 모양으로 보인다고 할 수 있다. 달팽이 껍데기의 중심부와 곡선을 확대해 보라. 확대 전과 똑같아 보일 것이다. 이론적으로 로그 나선은 계속해서 안쪽이나 바깥쪽을 향해 끊임없이 돌고 그 형

1 소용돌이의 나선
우주에서 본 지구의 허리케인.

2 연체동물의 나선
바다달팽이의 껍데기.

태는 변하지 않는다.

이러한 자기 유사성은 달팽이 같은 복족류 연체동물이 정확히 필요로 하는 것이다. 이 생물은 성장하면서 더 큰 껍데기가 필요하다. 그런데 껍데기는 분필과 대리석을 이루는 광물인 탄산칼슘처럼 딱딱한 재료로 만들어진다. 그것은 늘어나지 않는다. 게다가 매번 원래 껍데기를 제쳐 두고 새로운 껍데기를 만드는 것은 달팽이에게 가혹한 일이다. 그래서 연체동물은 단순히 껍데기를 추가한다. 이전 껍데기의 가장자리에서 좀 더 큰 집을 지어 간다. 너무 협소해진 이전 껍데기 부분은 그냥 버린다.

이와 같이 가장자리를 점진적으로 확대해 가는 과정을 통해 원뿔을 만들 수도 있다. 이것은 분명 그 생물에게 하나의 선택지이다. 그러나 계속 길이가 길어지는 짐을 피하기 위해서 원뿔은 나선형으로 조밀하게 감긴다. 이것은 어느 정도 로그 나선 껍데기와 같아진다. 즉 일종의 돌돌 말린 원뿔이다.

따라서 로그 나선은 복족류에게 훌륭한 건축 디자인이 된다. 복족류는 이 사실을 '알지' 못하지만 말이다. 단지 주의할 점은 다음과 같은 성장 법칙이다. "가장자리의 모양을 똑같게 하되 그 원둘레는 일정한 비율로 증가시켜야 한다." 원뿔을 꼬아서 로그 나선에 딱 맞게 하려면 단지 가장자리 한쪽의 성장 속도가 다른 쪽보다 빠르다는 조건만 추가하면 된다. 그러면 자동적으로 원뿔이 나선이 된다. 이 간단한 원리 하나로, 즉 단지 껍데기의 입 둘레를 변화시킴으로써 엄청나게 다양한 껍데기 모양을 만들 수 있다. 해양 복족류의 다양한 종들로부터 발견할 수 있는 것처럼 말이다.

로그 나선을 성장시키는 이러한 처방전은 비단 복족류 같은 연체동물만이 따르는 것은 아니다. 이 디자인은 동물의 뿔, 발톱 등에서도 발견된다. 비록 거기서는 나선이 한 바퀴를 채 다 돌지 못할 때도 있지만 말이다.

우리 은하 같은 나선 은하는 종종 로그 나선 모양을 취한다. 항상은 아니지만 적어도 대략적으로는 그렇다. 태풍, 사이클론, 토네이도, 욕조나 배수구의 소용돌이만 봐도 그것을 짐작할 수 있다. 모든 유체의 소용돌이가 이 모양을 따르는 것은 아니지만 유체가 회전하는 방식의 흔한 결과물이다. 특히 중심에 유체가 빠지는 배출구가 있다면 말이다.

유체는 왜 그렇게 쉽사리 단단히 조직된 경로를 갖도록 그 움직임을 조절하는 것일까? 이러한 질서는 움직이는 유체의 한 부분이 근처의 다른 부분에 영향을 끼치고 끌어당기는 데서 기인한다. 커피 숟가락으로 크림을 휘저을 때 와류와 항적을 만드는 힘과 같은 힘이다. 이와 같이 한 흐름이 다른 흐름을 이끄는 상호 영향은 작은 무질서한 교란을 일관된 대규모 운동으로 끌어들이는 되먹임을 가져온다. 사이클론의 거대한 소용돌이는 북반구에서는 반시계 방향으로, 남반구에서는 시계 방향으로 회전한다. 이런 선호성은 지구의 자전으로 인한 현상, 즉 '코리올리 효과'에 기인한다. 일부 과학자들이 주장하기로는 물탱크 안의 모든 초기 무작위성을 진정시킬 수 있다면 매우 작은 코리올리 효과가 욕조물의 소용돌이에 주는 영향도 감지할 수 있을 것이라고 한다. 하지만 이것이 사실인지는 분명하지 않다. 그 실험을 수행하기가 매우 어렵기 때문이다.

**"아주 작은 미물에서 우주까지 되풀이되는 나선.
무엇이 나선을 그토록 특별하게 만드는 것일까?"**

식물의 비밀스러운 수학

모든 자연의 패턴과 형태 중에서 나선은 아마도 신비주의자와 몽상가에게 가장 큰 매력을 주는 것일지 모른다. '신성 기하학'의 신자들에게 나선은 경외 대상이다. 그들에게 자연의 패턴과 형태는 우주의 영적 진리를 구체화하는 것으로 여겨진다. 나선은 아일랜드 뉴그레인지의 청동기 시대 조각부터 오스트레일리아 원주민의 그림에 이르기까지 고대 원주민들의 예술에서도 발견된다.

로그 나선의 신비로움과 심오함을 명백하게 잘 드러내는 예로 해바라기나 데이지 같은 꽃의 봉우리에 드러난 로그 나선만 한 것이 없을 것이다. 해바라기 머리의 씨들은 줄지어 있는데, 추적해 보면 하나의 로그 나선이 아니라 서로 반대 방향으로 도는 두 로그 나선의 집합이다. 그것이 만드는 패턴은 심오한 수학적 아름다움을 준다. 유기적 역동성이 결합된 결정 같은 정확성은, 그것을 응시하고 있노라면 마치 움직이는 것 같은 느낌까지 준다. 똑같은 이중 나선의 형태는 다른 식물에서도 볼 수 있다. 솔방울의 작은 잎(그 밑동에서

아래로 내려다보면 가장 쉽게 보이는 잎), '원숭이가 오르기 어려운 나무'라고 이름 붙은 칠레소나무의 가지를 따라 감겨 있는 잎들, 파인애플 껍질의 조각들, 로마네스코브로콜리의 꽃봉우리에서 볼 수 있다. 이 모든 배열은 이른바 '잎차례(phyllotaxis)'의 예이다. 잎차례는 문자 그대로 '잎이 움트는 차례'를 뜻한다.

각각의 집합에서 나선의 수를 센다면 어떤 특정한 값들만 가진다는 것을 발견하게 된다. 솔방울에서는 3과 5, 5와 8, 8과 13의 특별한 짝이 일반적으로 나타난다. 작은 해바라기에서는 한 방향으로는 21개, 다른 나선 방향으로 34개이다. 매우 큰 해바라기의 꽃봉우리에서 그것은 144개와 233개나 될 만큼 많다. 하지만 이런 숫자 쌍은 22와 35 같은 조합으로는 나오지 않는다. 왜 어떤 숫자가 다른 숫자들보다 선호되는 것일까?

각각의 숫자 쌍은 어떤 수열의 인접한 두 수이다. 이 수열을 이루는 각각의 수는 바로 앞 두 수의 합이다. 가장 작은 숫자 쌍인 0과 1부터 수열을 시작해 보면 다음과 같이 진행된다.

우주를 지배하는 건 나선?

나선은 자연에서 광범위하게 나타난다. 우주 같은 거시 세계에서 미시 세계에 이르기까지 말이다. 나선 은하(큰곰자리의 바람개비 은하(Messier 101))(1)와 암모나이트 화석(2)을 보자. 같은 나선을 볼 수 있다.

꽃의 트위스트
엄밀한 수학 공식을 따르는
나선은 잎차례, 즉 잎과 꽃잎
같은 식물의 배열 구조에서
흔히 볼 수 있다. 여기서 보는
나선은 로마네스코브로콜리(3)와
장미(4)의 것이다.

0, 1, 1, 2, 3, 5, 8, 13, 21, 34, 55, 89, 144, 233, ….

이 수열은 1202년에 이탈리아 피사 태생의 수학자인 레오나르도가 처음으로 기술했다. 그는 레오나르도 피보나치라는 이름으로 유명하기 때문에 그의 수열을 '피보나치 수열'이라 부른다. 이 수열의 연속한 두 수의 비는 수가 커질수록 하나의 상수에 근접해 간다. 바로 '황금비'라 불리는 수로 그 값은 대략 1.618이다.

해바라기 씨가 왜 이러한 산술적인 배열을 채택하는지는 아직 아무도 모른다. 오랜 아이디어 중 하나는 성장하는 줄기의 말단에서 새싹이 날 때 작은 꽃, 씨앗, 잎을 가장 효율적으로 채우는 것이 바로 피보나치 수열이라는 것이다. 다르게 말하면 나올 수 있는 충분한 공간이 있을 때만 새싹이 나온다는 것이다. 이것은 순전히 기하학적이고 구조적인 문제이다. 즉 중심의 원점에서부터 나선형으로 뻗어 나오도록 물체를 배열하기 원한다면 이웃한 물체 사이 각도는 얼마가 되어야 할까? 잎차례의 이중 나선 피보나치 패턴을 가져오는 가장 효율적인 채움은 이 각도가 약 137.5도일 때이다. 이 각은 '황금각'으로 알려져 있다.

하지만 이것으로 모든 것이 설명되지는 않는다. 일례로 다음 싹이 어디에 나와야 하는지를 식물은 어떻게 '측정'하는 것일까? 피보나치 수열과 채움 아이디어는 해바라기의 꽃봉우리가 어떻게 배치되어 있는지를 설명하지만 어떻게 이런 배열이 가능한지는 설명하지 않는다. 한 가지 가능한 설명은 싹 틔우기를 유발하는 성장 호르몬과 관련된 생화학적 과정이 사실상 현재 싹과 다음 싹 사이에서 일종의 반발력으로 작용해 싹들과 나선 중심 사잇각은 황금각보다 작을 수 없다는 것이다.

또 다른 설명은 싹들 사이에 얼마만 한 간격을 두게 하는 '힘', 싹들이 나선형으로 배치하게끔 하는 힘이 (호르몬에 기인한) 화학적 힘이 아니라 역학적 힘이라는 것이다. 그것은 줄기 말단에 부드러운 조직의 주름과 버클링(buckling, 돌출 변형)에 기인한다. 줄기의 가장 꼭대기에서 '표피'는 부드럽고 유연하다. 하지만 줄기 아래로 내려올수록 질기고 딱딱해진다. 줄기가 자라는 방식은 말단 근처 조직을 보다 강하게 압축하고 튀

생명의 수열
해바라기의 작은 꽃봉우리와
씨앗의 나선형 배열은
피보나치 수열을 따른다.

어나오게 할 것이다. 그다음에 새싹은 아마도 이 주름의 마루에서부터 솟아날 것이다. 이런 돌출 변형이 어떤 모습일지 계산해 보면 그 패턴이 피보나치 나선(줄기 중심부에 솟은 작은 집합체)이나, 번갈아 가면서(가령 처음에는 남북, 그다음에는 동서 방향으로) 식물의 각 옆면에 나타나는 동심의 대칭형 주름과 닮았다. 이것 또한 잎차례에서 발견된다.

버클링 모형은 선인장의 일부 싹 배열을 설명하는 데 더욱 관심을 갖게 한다. 땅딸막하고 나선으로 도는 돌출이 더욱 딱딱한 피부의 주름과 닮았기 때문이다. 아코디언 같은 악기인 콘서티나 같은 이 주름이 안쪽의 연한 조직이 흡수할 물이 있을 때 신속하게 부풀어 오르도록 한다. 규칙적인 주름과 홈은 호박과 조롱박처럼 과육이 많은 과일의 단단한 외피에서 흔히 발견된다. 이것 역시 과일이 성장하고 점점 커질 때 표면에서 형성된 응력으로 인해 자기 조직화된 패턴일 수 있다.

우리 손가락 끝의 주름 패턴은 동심 나선 모양으로 발달한다. 그런데 지문의 주름이 이루는 나선 모양은 모두 크든 작든 같은 폭을 가지기 때문에 로그 나선이 아니라 밧줄을 감은 아르키메데스 나선에 더욱 가까울 것이다. 여기서 버클링은 초기 태아 발달 과정에서 피부 층이 서로 다른 속도로 자라는 데서 기인하는 것처럼 보인다. 지문의 나사는 손가락 끝 패드(pad) 부위의 중심에 위치하려는 경향이 있다. 거기서 표면의 곡률이 제일 크다. 하지만 주름이 접히는 세부 과정들은 오히려 무작위로 결정된다. 따라서 사람마다 지문 패턴이 달라지는 것이다. 이것이 바로 자연의 패턴이 어떻게 그렇게 되었는지 설명하는 데 자주 등장하는 내용이다. 이것은 같은 주제에 대한 끝없는 변주이기도 하다.

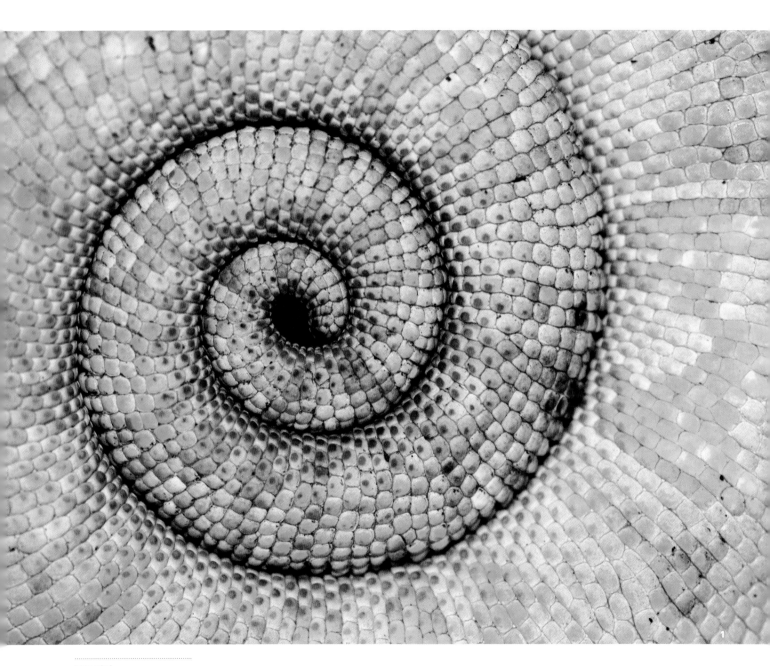

로그 똬리

카멜레온 꼬리(1)와 노래기
몸(2) 같은 로그 나선은 아마도
완만히 가늘어지는 원뿔이
감긴 것과 비슷한 방식으로
형성되었을지 모른다.

나선 주름

주름 형성 과정이 나선을 포함하는
다소 규칙적인 패턴을 생성할
수 있다. 선인장 꽃(1), 호박(2),
지문(3), 선인장(4), 알로에(5).

5

나선의 내부
연체동물의 나선형 껍데기는 로그 나선인데,
연속적으로 더 큰 방을 추가하더라도 똑같은
모양을 유지할 수 있도록 해 주는 구조이다.

나선의 장인들
암모나이트(1), 앵무조개(2),
달팽이(3), 소라고둥(4),
광물로 가득 찬 앵무조개의
껍데기 단면(5).

5

식물의 사리
고사리(1, 3, 4, 5)와
호박 덩굴손(2).

5

1

식물의 나선
개화하는 케일(1), 삼나무 솔방울(2),
칼라백합(3), 꽃봉오리(4), 장미(5).

나선의 방향

각각 지구 북반구와 남반구에서
만들어지는 허리케인과
사이클론은 지구의 자전
때문에 서로 반대 방향으로
돌며 나선을 그린다.

토네이도
유체의 흐름은 종종 나선형
소용돌이로 발전해 때로는 끔찍한
결과를 가져오기도 한다.

배수구 아래로

소용돌이 흐름은 규모 면에서 그 범위가 평범한 목욕물이 배수구로 빠질 때
생기는 나선형부터 토네이도와 허리케인의 무시무시한 회전 운동까지 미친다.
유체가 중심핵을 향해 안쪽으로 흐를 때 완벽한 구형 대칭에서 아주 작은
벗어남(무작위로 일어날 수 있다.)이 증폭될 수 있다. 흐름의 일부가 다른 부분에
영향을 줄 수 있는 마찰 때문이다. 점차 회전이 하나의 일관된 소용돌이로
형성된다. 이것이 자발적 대칭성 깨짐의 한 예이다. 여기서 회전은 원형
대칭에서 시계 방향으로든 반시계 방향으로든 비대칭 나선으로 바뀐다.

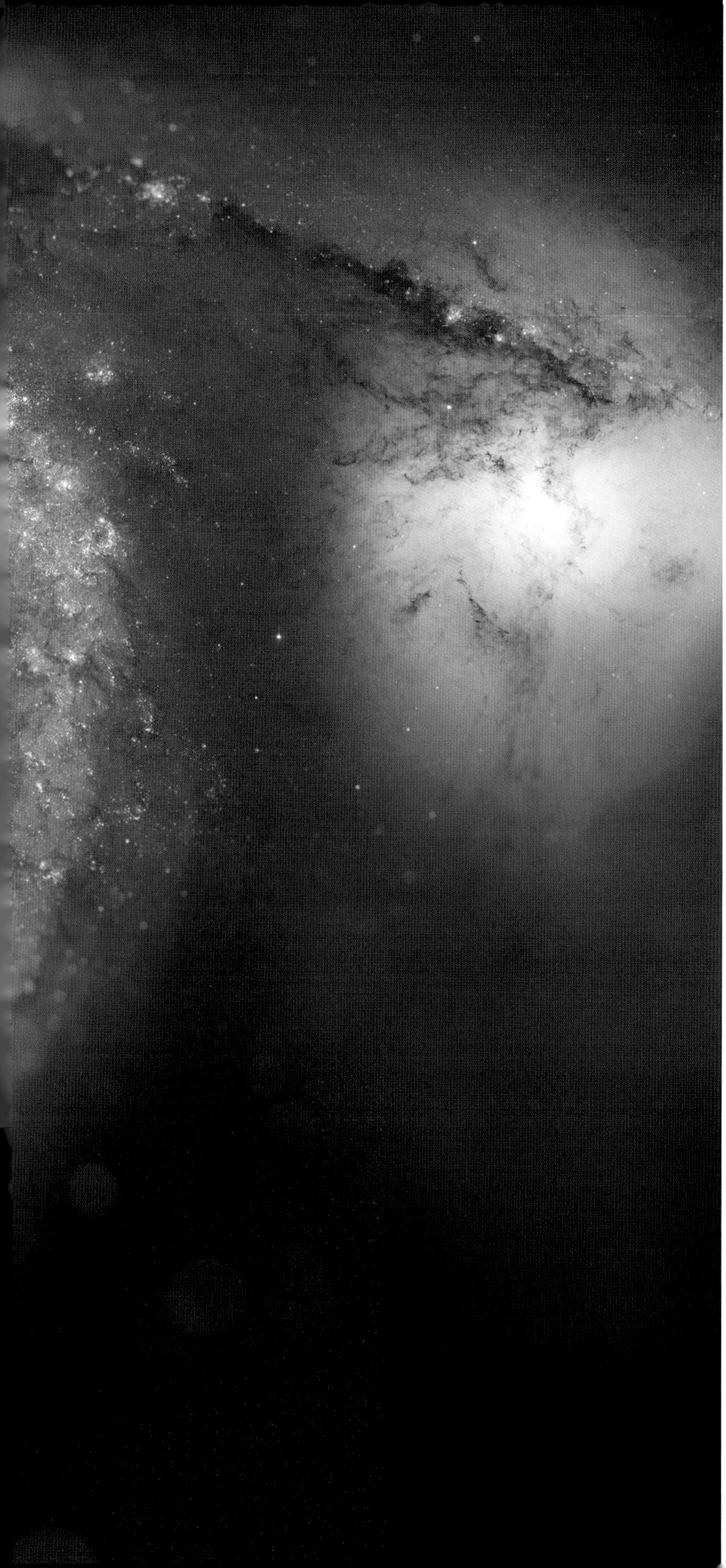

별의 소용돌이

여기 보이는 소용돌이 은하와 같은
나선 은하는 어떤 흐름이 만든
소용돌이가 아니라 별로 이루어진
원반에 자기 조직화 과정을 거쳐
만들어진 밀도파에 의해 형성되었다.

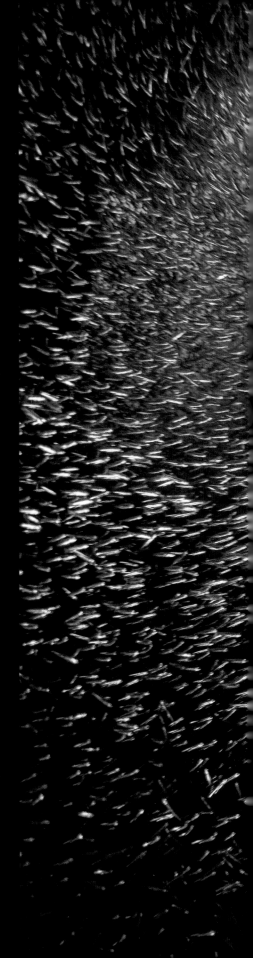

4장 | 흐름과 혼돈

숨은 질서를 찾아서

우주는 역동적이다. 항상 움직이고 있다. 기체와 먼지 구름이 휘돌아 뭉쳐 별들이 탄생한다. 물은 큰 고리를 그리고 소용돌이치면서 바다를 순환한다. 이것은 온도와 염도의 차이가 만드는 움직임이다. 대류 흐름이 공기를 휘저어서 구름과 제트 기류를 일으킨다. 강은 상류에서 하류로 흐르면서 가지를 쳐 나가는데 마치 우리 몸의 피가 지나가는 길과 비슷하다. 이처럼 많은 흐름이 난류이다. 즉 너무 빨라서 일정한 형태가 유지되지 못하거나 완전히 예측할 수 없는 흐름이다. 그렇지만 모든 질서가 사라지는 것은 아니다. 소용돌이와 같은 유체 흐름의 근본적인 형태는 커피 크림에서도 흔히 볼 수 있다. 정말로 컵 안의 폭풍이라고 할까? 어쨌든 우리 주변의 흐름이 보이는 패턴에는 신비로움과 장엄함이 있다.

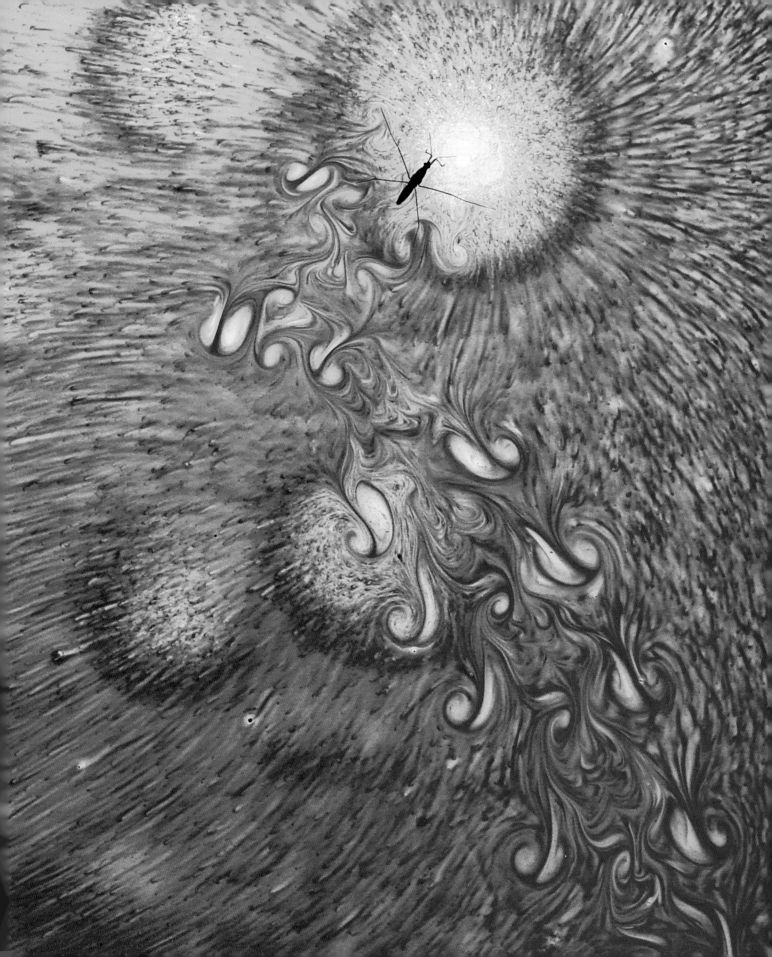

흐름의 궤적

소금쟁이가 물의 표면을 가로질러 갈 때(표면 장력으로 지탱한다.) 그 뒤로 장식적인 소용돌이를 남긴다. 각 걸음은 물을 잡아당겨 서로 반대 방향으로 회전하는 소용돌이 쌍을 만들고 그것은 바로크적인 우아함으로 발전한다. (여기서는 푸른색 염료를 통해 드러냈다.)

강은 늘 예술가들을 사로잡았다. 중국 당나라의 시인들은 며칠이고 앉아서 강을 바라봤다. 화가들은 붓놀림으로 흐르는 물의 특징적인 형태를 포착하기 위해 애썼다. 그리고 그 속에 담긴 기(氣)를 표현하고자 했다. 그들 역시 15세기 이탈리아에서 흐르는 물의 다양한 형상을 스케치했던 레오나르도 다 빈치를 사로잡은 것과 똑같은 것에 열광했을 것이다. 바로 난류 가운데 일종의 질서가 있고, 끊임없이 바뀌고 분해되는 흐름 속에 패턴의 단서가 있다는 생각 말이다. 다 빈치는 현대 과학자들이 알고 있는 것을 직관적으로 깨달았다. 난류는 그저 혼돈이 아니라 질서와 무질서의 매혹적인 혼합이다. 다 빈치가 그린 뒤얽힌 흐름은 그의 관찰력을 증언한다. 한편 어떤 것은 너무 규칙적이어서 우리의 관찰과 전혀 일치하지 않는다. 다 빈치는 흐름의 형태를 파악하기 위해서 자신이 본 것을 조금 더 친숙하게 수정해야만 했을 것이다. 그의 그림은 예술사가 마틴 켐프가 "구조적 직관(structure intuition)"이라고 부르는 것을 잘 보여 준다. 켐프의 생각에 따르면, 우리는 우리가 인식하는 세상을 그러한 직관을 통해 이해하려고 한다. 그리고 이 직관들은 우리를 자연의 패턴에 담긴 유사성과 정합성으로 이끈다.

실제로 흐름에는 일종의 질서가 있지만 그것을 좀 더 명확히 알아보기 위해서는 천천히 흐르도록 할 필요가 있다. 자연의 흐름 대부분은 난류이다. 즉 너무 빨리 흘러서 그나마 있는 질서도 순식간에 나타났다 사라진다. 하지만 더욱 고요한 흐름을 살펴보면 그 패턴은 명백하며 놀랍도록 아름답다.

매끄럽고 판판한 벽이 있는 길고 좁은 물길을 따라 흘러 내려가는 물을 생각해 보자. 유속이 느리면, 가령 물길의 경사가 완만하면, 흐름은 어느 정도 곧은 경로를 따르게 된다. 이는 눈에 보이는 물체를 물속에 넣으면 볼 수 있다. 가령 컬러 잉크 방울이나 고운 가루 같은 것 말이다. 물은 평평하고 평행한 층을 따라 흐르는 '층류(laminar)'를 이룬다.

이제 이 흐름 속에 장애물이 하나 있다고 상상해 보자. 가령 대롱대롱 매달린 가지 하나가 떨어져 강물에 잠기거나 강바닥의 자갈이 수면 위로 솟아 나온 경우이다. 그것은 어떻게 매끈한 층류를 방해할까? 여러 요인, 즉 장애물의 크기, 액체의 점도(물과 시럽은 점도가 다르다.), 특히 유속이 관여한다. 유속이 충분히 느리면 유체는 장애물 주변을 부드럽게 돌아가 다른 곳에서 다시 만날 것이다. 따라서 고운 가루나 잉크 등의 추적 물질로 알 수 있는 경로는 다시 나란해지기 전에 양쪽으로 부드럽게 구부러져 있다. 그러나 유속이 약간 더 빨라지면 회전하는 소용돌이 쌍이 장애물 뒤에 나타난다. 더 빨라지면, 이 흐름의 자취는 지속적인 물결 모양의 파동으로 발전한다. 유속이 증가할수록 이 파동은 성장하고 물마루가 깨졌다 다시 감기고, 처음에는 이 방향으로 다음에는 저 방향으로 도는 일련의 규칙적인 소용돌이가 생긴다.

이 기묘한 패턴을 '카르만 소용돌이 줄기(Kármán vortex street)'라고 한다. 이러한 소용돌이는 장애물 자체의 측면에서 튀어나오는데, 흐르는 유체가 지나갈 때 마찰력으로 인해 안쪽으로 끌리면서 생기기 시작한다. 카르만 소용돌이 줄기는 자연계에서 흔히 볼 수 있다. 구름이 피어오를 때 볼 수 있는데 기류가 고기압 영역과 같이 흐름을 방해하는 영역을 지나갈 때 생긴다. 연못 표면에 표면 장력으로 떠 있는 소금쟁이의 움직이는 발에서도 생기고 곤충의 날개가 퍼덕거릴 때도 생긴다. 곤충들은 영리하게 날개를 움직여서 와류로부터 약간의 추진력을 얻고 여분의 부력을 만든다.

매끄러운 층류에서 물결 패턴이 성장하는 것을 일종의 '흐름 불안정성(flow instability)'이라고 이야기한다. 그것은 유속이 더 빨라지면 나타날 난류 운동의 조

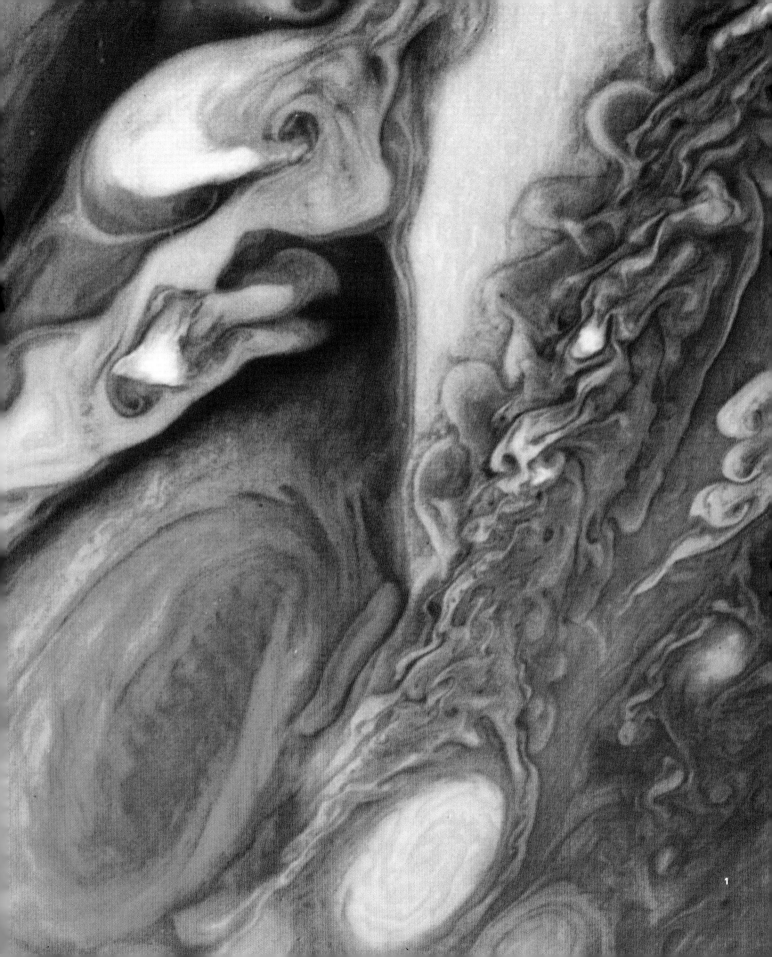

1 목성의 대적반
이 폭풍은 지구보다 크다. 수백 년 동안 지속된 혼돈스러운 흐름에서 발현하는 질서를 잘 보여 준다. 이 사진은 보이저 2호가 약 600만 킬로미터 떨어진 거리에서 찍었다.

2, 3 물의 흐름에 대한 연구
물의 흐름에 대한 레오나르도 다 빈치의 스케치는 오랜 시간 동안 주의 깊은 관찰을 통해 이루어졌다. 겉으로 보이는 무질서 이면의 "필수 형태"를 발견하려는 그의 결심을 보여 준다.

짐이다. 유체의 두 층이 서로 반대 방향으로 지나쳐 이동할 때, 또는 좀 더 일반적으로 유속이 다를 때 비슷한 일이 일어난다. 한 흐름이 다른 흐름을 잡아당긴다. 이런 상황을 '전단 흐름(shear flow)'이라고 한다. 이 역시 자연에 편재해 있다. 특히 지구나 다른 행성의 대기 흐름에서 볼 수 있다. 목성과 토성 대기의 소용돌이에서도 볼 수 있다. 이 물결무늬의 교란은 스스로 증폭한다. 교란이 나타나자마자 커져서 물결무늬가 깊어지고 날카로워지는 경향이 있다. 이러한 자가 증폭은 패턴 형성에서 흔히 볼 수 있는 조건이다.

질서와 무질서의 매혹적인 혼합

목성의 대기는 난류이다. '구역 제트(zonal jet)'라고 불리는 평행한 띠 모양 흐름이 존재하지만, 동시에 그 흐름의 속도가 어떤 규칙적인 패턴도 지워 버릴 수 있을 정도로 빨라서 소용돌이의 모양과 형태는 끊임없이 변하고 이동한다. 그럼에도 이 흐름은 무작위적이지

만은 않다. 일종의 우아한 아름다움이 거기 있으며 질서 있는 움직임들이 있는 지역들이 섞여 있다. 유명한 대적반이 가장 두드러지는데, 이것은 최대 풍속 시속 560킬로미터의 어마어마한 폭풍이며 적어도 200년 이상 계속 불고 있다. 더 작은 소용돌이들은 생겼다 사라졌다 하는데 어떤 것은 흩어지거나 흡수되기 전에 수십 년간 지속되기도 한다.

바로 여기에 소용돌이와 난류가 공존하는 비밀이 숨어 있을지도 모른다. 나뭇가지나 끊임없이 줄어들며 반복되는 프랙탈처럼 우리를 어리둥절하게 하는 혼돈 이면의 어떤 심오한 구조에 대해 암시하는 것처럼 보인다. 우리는 이러한 인상을 보다 정확하게 표현할 수 있을까? 우리는 난류의 모양을 설명할 수 있을까?

과학자들은 수백 년 동안 난류를 연구해 오고 있지만 여전히 완전히 이해했다고 주장하지 못한다. 한 가지 방법은 그 움직임을 설명하는 올바른 방정식을 갖는 것이지만 이것을 푸는 것은 또 다른 문제이다. 특

히 난류와 관련된 유체 흐름의 기본적인 장애물은 모든 요소들이 서로 영향을 끼치고 받는다는 것이다. 매우 작고 미묘한 차이에 대해서도 매우 예민한, 흐름의 민감성이 상황을 혼돈에 빠뜨린다. 특정 시각, 특정 위치의 유체 패턴을 보고 다음 단계를 예측하기란 불가능하다.

이런 예측 불가능성 가운데서 '난류의 모양'에 대해 무엇이든지 말할 수 있다는 희망을 가질 수 있을까? 그렇다. 희망은 있다. 비록 어떤 특정 흐름이 어떻게 보일지를 정확하게 예측할 수는 없더라도 그것의 평균적인 성질에 대해서는 말할 수 있을 것이다.

영국 수학자 루이스 리처드슨은 이 문제 해결과 관련해서 처음으로 진보를 이룬 사람 중 하나이다. 그는 현재 프랙탈 구조라고 부르는 것의 일반적인 개념을 처음으로 알아보았다. 그는 난류에 관심이 있었다.

부분적인 이유는 그가 기상 예보 일을 했기 때문이다. 그는 난류가, 이동하는 유체의 에너지가 큰 소용돌이에서 점점 더 작은 소용돌이로 전달되어 결국 유체 분자의 무작위한 운동인 열로 소실되는 에너지의 '계단식 폭포' 같은 것이라고 생각했다. 나중에 이러한 에너지 폭포가 수학 법칙을 따름이 드러났다. 특정한 소용돌이 안에 갇힌 에너지의 양은 소용돌이의 크기와 관련이 있음을 매우 간단한 방정식으로 나타낸 것이다. 프랙탈과 마찬가지로 이 수학 법칙은 무질서 속에 일종의 질서(원하면 암호화된 패턴이라고 해도 된다.)를 숨겨둔다. 그 기본 아이디어는 괜찮아 보인다. 비록 난류가 보다 질서 있는 상태로 얼마나 빨리 회복되는지, 또는 한 종류가 아니라 여러 종류의 난류가 있는지 같은 논쟁거리가 아직 남아 있지만 말이다.

1 고적운
비늘구름이 있는 하늘에서 구름은 대기 대류로 인해 어느 정도 규칙적인 물결무늬나 줄무늬 패턴으로 배치된다.

2 시베리아의 유빙
침식, 결빙, 해동 및 지질학적 작용의 섬세한 상호 작용이 얼어붙은 지각에 이 복잡한 흐름 구조를 만들어 냈다.

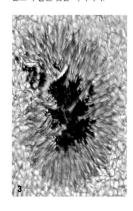

3 태양의 광구와 흑점

태양의 이글거리는 표면조차
패턴이 있다. 뜨거운 플라스마
대류가 거미줄 같은 약간
어두운(차가운) 지역에서
여기 보이는 밝은 점들의
'쌀알 무늬' 구조를 만든다.
'입상반'이라고도 한다.
중심의 검은 구조가 흑점인데,
온도가 훨씬 낮은 지역이다.

대류는 질서를 만든다

지구 대기는 결코 정지 상태가 아니다. 공기는 항상 어딘가로 움직인다. 바람이 고기압에서 저기압으로 불기 때문이다. 하지만 이런 흐름이 미미한 이유는 본질적으로 압력 차이가 일으키는 변화가 온도만큼 크지 않기 때문이다. 땅과 바다의 표면에서 방사되는 열은 공기를 데운다. 이 공기는 부피가 팽창해 밀도가 낮아진다. 이 변화가 부력을 만들어 공기가 떠오른다. 공기는 높이 올라갈수록 다시 차가워지고 밀도가 높아져 가라앉는다. 이렇게 덥고 성긴 공기가 떠오르고 차갑고 조밀한 공기가 가라앉는 현상을 '대류'라고 한다. 지구 대기의 대류는 무작위로 일어나지 않고 각 반구별로 3개씩 있는 거대한 공기 컨베이어 벨트를 통해 이뤄진다. 적도 지방에서 상승한 공기는 각 반구의 고위도 지방으로 이동하고 중위도와 극지방 같은 고위도 지방에서 하강한다. 이 연직 순환은 열과 습기를 운반하며 지구의 기후를 결정한다.

대류는 자기 조직화된 패턴이 있는 상태를 만들기도 한다. 프라이팬에서 얇은 물의 층을 가열한다고 해보자. 아래쪽의 따뜻한 물은 떠오르고 싶어한다. 그런데 그 위의 물은 밀도가 높다. 어떻게 그들을 지나갈 수 있을까? 답은 바로 자발적 대칭성 깨짐에 있다. 즉 균일한 액체 층이 쪼개져서 물이 어느 정도 규칙적인 모양으로 순환하는 세포들이 되는데, 어떤 곳에서는 좀 더 따뜻한 액체가 상승하고 다른 곳에서는 좀 더 차가운 액체가 하강한다. 이런 패턴 중 매우 질서정연한 것도 있다. 대기에서는 구름에 이런 모양이 나타날 수 있다. 생선 비늘 모양을 닮아 '비늘구름'이라고도 불리는 권적운이 좋은 예다. 심지어 태양의 맹렬한 대류도 단지 혼돈만 초래하는 것이 아니다. 태양 표면은 가

동물의 군집 행동

하늘에 땅거미가 지면 찌르레기는 보금자리를 찾아 모여든다. 숲, 빌딩, 교각, 갈대밭 등의 안식처로 들어가 거친 날씨와 포식자를 피한다. 이 새 떼의 규모는 수천에서 수십만 마리에 이를 만큼 커질 수 있다. 이때 자연의 가장 놀라운 광경 중 하나를 보게 된다. 새 떼의 각도가 우리의 시선과 만났다 벌어지면서 투명해졌다가 다시 불투명해진다. 이른바 '군무(群舞)'이다. 새 떼가 마치 집단 의식을 갖고 한몸처럼 기동하는 듯 보인다.

어떻게 이러는 것일까? 각각의 새가 다소 간단한 이동 규칙만 알고 있으면 된다. 서로 충돌하거나 너무 근접하는 상황은 피한다. 이동 방향을 이웃의 평균 방향에 맞춘다. 그리고 너무 멀리 떨어져서 날지 않는다. 이 무리의 한 부분에 있는 새는 멀리 떨어진 다른 새들이 무엇을 하는지 알 필요가 없다. 단지 가까이 있는 새들만 신경 쓰면 되는 것이다.

같은 종류의 거동을 물고기의 무리 유영과 메뚜기나 박쥐의 편대 비행에서 볼 수 있다. 이런 결맞음 운동은 빠른 소통에 매우 효율적이다. 즉 파장이 무리를 통해 빠르게 전파될 수 있어서 포식자의 접근과 같은 경고 신호가 신속하게 위험 지역에서 멀리 떨어진 물고기에게 전달된다.

운데보다 가장자리가 더 어두운 '태양 입상반'으로 덮여 있다. 이것들은 수 분마다 변하고 이동한다.

대류는 극한의 기후 조건에서도 질서를 만들 수 있다. 알래스카와 스칸디나비아의 얼어붙은 불모지인 툰드라에서는 서리 거인이 만든 듯한 돌의 패턴을 볼 수 있다. 고리 모양 자갈 둔덕, 또는 마치 거대한 갈퀴로 긁은 것같이 줄지어 있는 자갈의 고랑을 볼 수 있다. 물론 이것은 어떤 지적 존재가 만든 정원도, 농장도 아니다. 이것은 지면 바로 밑에서 얼고 녹기를 반복하는 물의 대류가 자갈들을 움직여 만든 것이다.

흐름과 멈춤의 대화

유체의 흐름은 그 자체로 패턴이 될 수 있을 뿐만 아니라 다른 패턴 형성을 매개할 수 있다. 물의 모양은 영구적인 자취를 남긴다. 개울과 강과 바다는 모래를 실어 나르고 돌을 쌓고 이동시킨다. 그 결과인 침식과 퇴적은 경관을 경이로운 패턴으로 재배치한다. 구불구불 사행(蛇行)하는 하천은 되먹임 과정이 어떻게 질서와 구조를 만드는가를 보여 주는, 가장 잘 알려진 예 중 하나이다. 왜냐하면 물의 흐름이 굽이도는 부분 가장자리에서 더 빠르고, 안쪽에서는 느리기 때문에 바깥쪽 굽이 강둑에서는 더 많은 침식이 일어나는 반면 안쪽에서는 물이 운반한 모래(유사)가 퇴적된다. 이것은 굽이가 일단 생기면 점점 볼록하게 부푼다는 뜻이다. 마치 강에서 떨어져나온 비눗방울처럼. 결국 고리의 두 면은 만나서 합쳐진다. 돌출 부분은 떨어져서 우각호(牛角湖)가 된다.

침식과 퇴적 작용이 특히 강하면 이 재구조화 과정은 한 가닥의 굽이가 아니라 더욱더 복잡한 강을 만든다. 수로가 나뭇가지가 갈라지듯 떨어져 나오고 교차하고 다시 연결되며 복잡한 여러 가닥으로 꼬인다. 여기에는 흐름과 멈춤, 물과 지구 사이의 끊임없는 대

돌고 또 돌고
여기 보이는 미국 델라웨어 만의 그레이트 에그 하버 강과 같이 굽이굽이 흐르는 강은 침식과 퇴적이 결합된 과정의 결과물이다.

화가 있는 것이다. 우리는 얕은 여울이 바다로 흘러가는 백사장에서 이런 자기 조직화된 패턴을 볼 수 있다. 모래나 조개 껍데기가 중간중간 흐름을 끊으면 중첩, 간섭하는 갈짓자 무늬 패턴이 생기기도 한다. 강은 어떤 방법으로든 바다에 도달한다. 거기에는 자신만의 불변의 논리가 있다. 아름답다.

군집 행동의 패턴
찌르레기 같은 새들이 떼
지어 이동하는 모습은
복잡하면서도 매혹적인
결맞음의 패턴을 연출한다.

흐름을 깨뜨리고
흐르는 강물에 떠 있는 나뭇
잎 주위로 항적파가 형성되어
있다. 이 항적파에는 흐름
자체와 잎 자체가 가진
규칙성이 반영되어 있다.

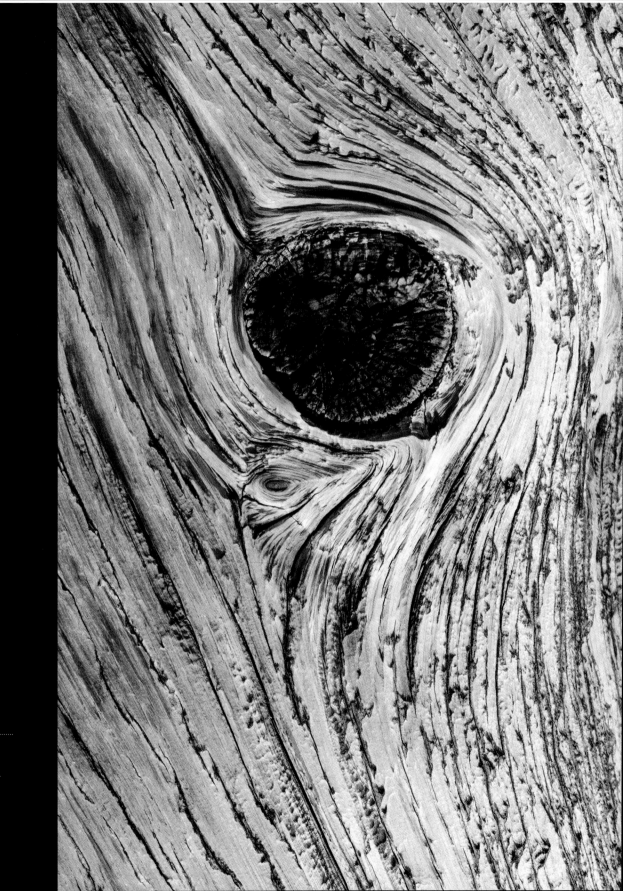

옹이를 넘으며
옹이와 새로운 가지 같은
'장애물' 주변의 나뭇결 패턴은
이상하게도 유체의 흐름을
기술할 때 사용하는 '유선'과
같은 패턴을 그린다.

마다가스카르의 비황(飛蝗)
떼 지어 날아다니는 일부
생물들(사진은 이동하는 메뚜기
떼이다.)은 물고기나 새처럼
매우 엄격히 조율된 패턴을
보여 주지는 않는다. 그럼에도
불구하고 방향과 밀집된 무리
가운데 충돌을 막아 주는
개체 사이 간격에서 나름의
질서를 찾아볼 수 있다.

물고기 군단

물고기 무리는 매우 질서 있는

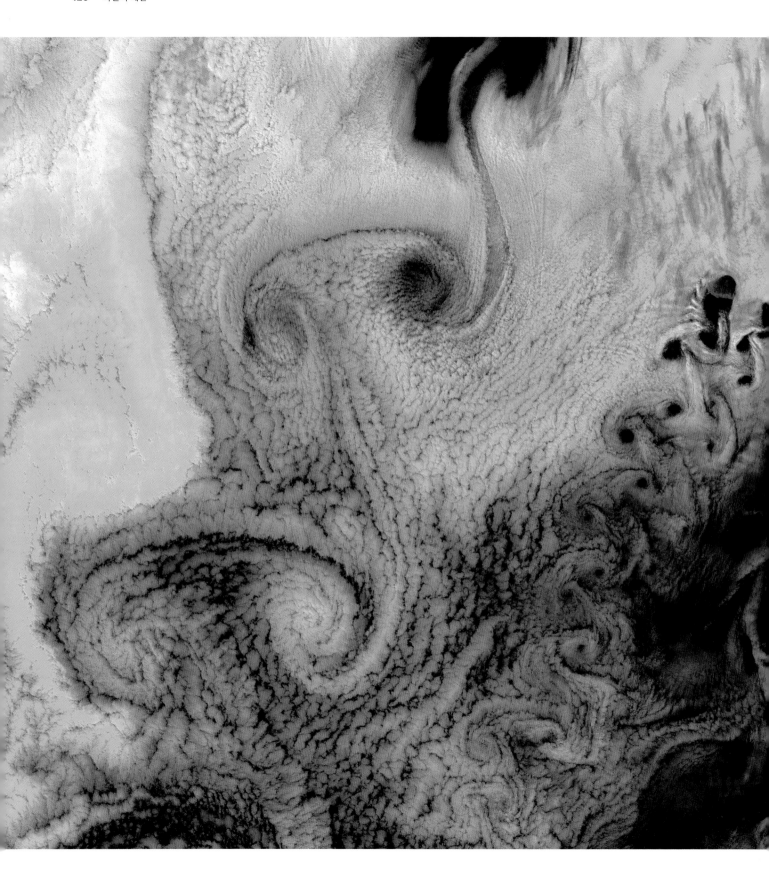

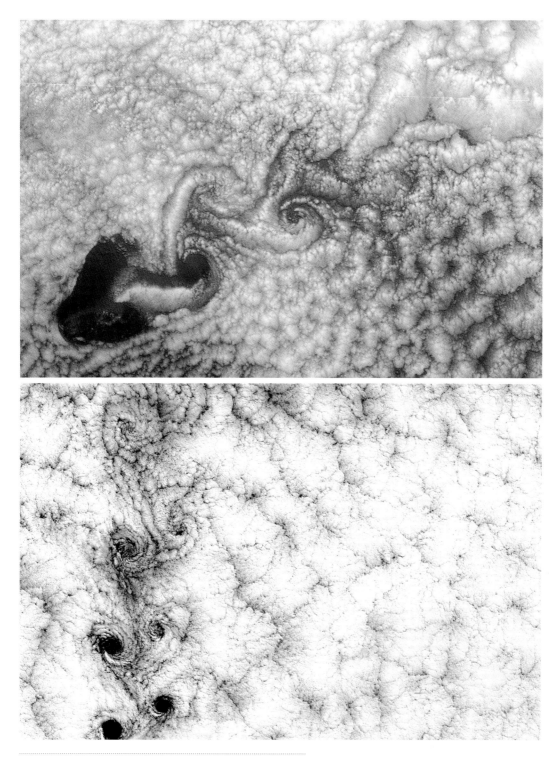

구름에 드러난 소용돌이의 흔적

바람이 수면 위에 솟은 섬 같은 장애물을 만나 흩어지면
소용돌이들이 바다 위 대기에서 규칙적으로 형성된다.
사진의 흐름 패턴에서는 버섯 모양의 '쌍극' 소용돌이와, 서로 반대 방향으로
도는 소용돌이에 연결되어 있는 카르만 소용돌이 줄기를 확인할 수 있다.
이러한 흐름 구조는 구름이 없는 경우에도 형성되지만 그러면 보이지 않을 것이다.

1

강 모양의 법칙

강의 사행 형태에 대해서는 미묘한 이론이 있다. 수로가
좁아질수록 굽는 정도가 더 커지고 그 '파장'이 짧아진다는
것이다. 달리 말하면 강폭과 굽이도는 파장의 비가
거의 일정하다는 것이다. 콩고(1), 네덜란드(2).

2

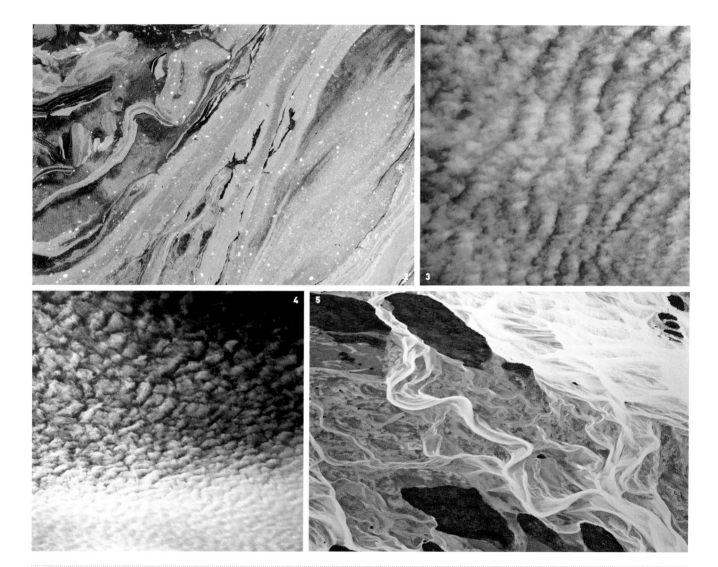

1 히말라야의 얼음물

빠르게 흐르는 물은 완전한 난류이다. 이렇게 혼돈처럼 보이는 데서 어떤 질서를 찾을 수 있을까? 그것을 찾기 위해서 우리는 유체의 수학을 깊이 들여다보아야 한다.

2 기름 띠

멕시코 바라타리아 만을 오염시킨 기름의 띠를 찍은 이 사진은 목성의 대기권처럼 보인다. 하지만 아니다. 유체 형태가 여러 척도에 걸쳐 보편성을 가질 수 있음을 암시한다.

3 권적운

이런 종류의 구름이 갖는 특징인 규칙적인 비늘 무늬는 대기의 대류 패턴으로 생긴다.

4 하늘의 잔주름

사진의 구름 패턴은 전통적인 비늘 구름보다 줄무늬를 덜 가지기는 하지만 여전히 고유 '크기'가 있다.

5 망상 하천

광범위한 퇴적물이 복잡하게 엉킨 곳에 생긴 망상 하천은 흐르는 물 속에 푼 머리카락이나 비단실을 연상케 한다.

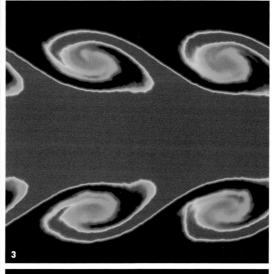

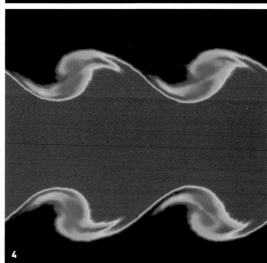

안정과 불안정의 가장자리

한 유체(공기나 물)의 흐름이
다른 유체를 다른 속도로 지나갈
때 둘 사이 경계에서 물결 모양이
형성될 수 있다. 유속이 달라지면
압력도 달라진다. 이것은 임의의
물결을 증폭해 뚜렷한 파동
모양으로 바꾸곤 한다. 결국 이
파동은 마루와 골을 가지다가
일련의 작은 소용돌이로
쪼개질 수 있다. 여기에서
보는 것처럼 말이다. 대기의
구름으로 추적한 흐름(1, 2)과,
컴퓨터 시뮬레이션을 통해서
본 흐름(3, 4)이다. 이러한 파동
패턴의 출현을 '켈빈-헬름홀츠
불안정성'이라고 부른다. 이
명칭은 그 패턴을 설명한 두
과학자의 이름에서 유래했다.

결맞음과 결어긋남의 우아함
파도의 부서짐을 촬영한 고속
사진은 이런 흐름이 가진 예상을
뛰어넘는 우아함과 결맞음을
포착한다. 육안으로는 거의
보이지 않는 질서, 레오나르도
다 빈치가 직감하고 설명하려고
했던 일종의 "깊은 질서"이다.

브라질의 모래 언덕
브라질 렌소이스 마라녠세스
국립 공원에 있는 모래 언덕의
물결 형태가 가두어진 물로
인해 강조되어 나타나고 있다.
여기서도 자기 조직화된
패턴이 선호하는 길이 척도가
있다. 그것은 이 물결 모양의
파장에 해당되는 값이다.

모래라는 캔버스

유수로 인해 침식되고
운반되고 재배열되는 모래
입자 때문에 생긴 패턴의
범위는 엄청나다. 꼬여 있거나
가지가 나 있거나 솟아 있다.
또는 갈짓자 모양을 가진다.
이것은 여러 요인에 기인한다.
말하자면 흐름이 얼마나 빠른가,
얼마나 깊은가, 모래 입자의
응집력이 얼마나 큰가, 작은
사태로 인해 경사가 얼마나
쉽사리 무너지는가 등이다.

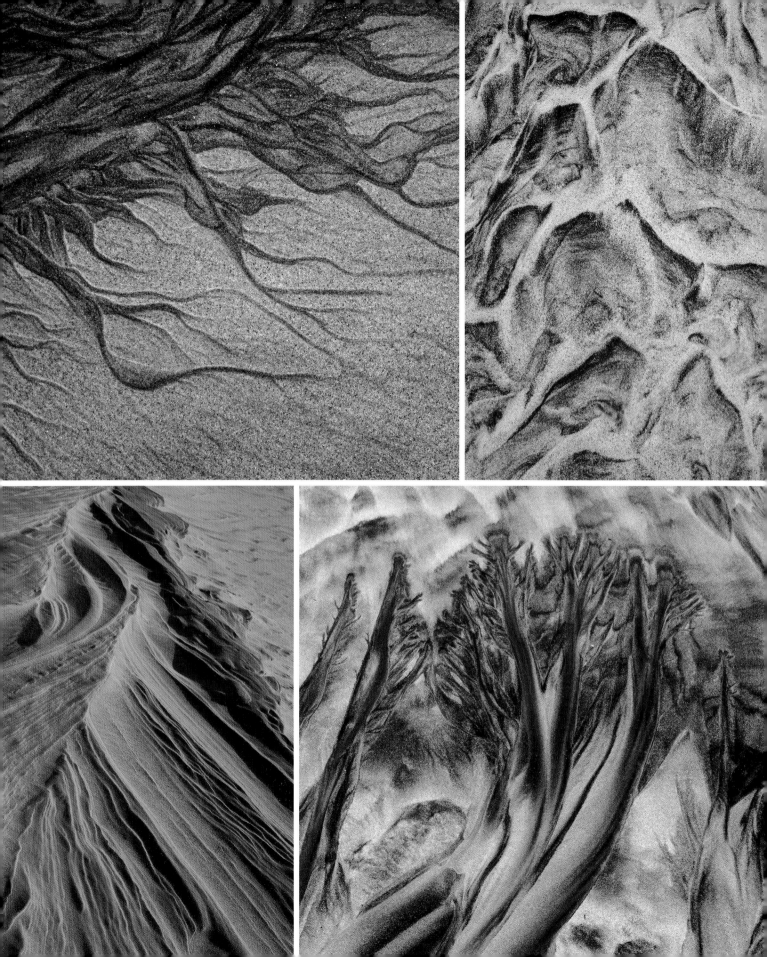

스톤 서클

노르웨이 툰드라 지역에 보이는
동그라미 모양 돌들처럼 이른바
'패턴 있는 땅'은 계절의 순환에
따라 얼고 녹기를 반복하는
물의 대류로 인해 생긴다. 물은
어는점보다 약간 높은 온도에서
밀도가 더 높은 특이한 성질이
있기 때문에 녹고 데워지는 표면
근처의 물은 거의 얼어붙은
아래의 물보다 더 밀도가 높아
가라앉는다. 이것이 대류 순환을
가져오며, 어느 정도 규칙적인
'대류 세포'들을 형성한다. 땅의
돌들은 이러한 순환으로 뭉치거나
가축우리의 가축들처럼 동그랗게
모이게 된다. 그리고 땅이 얼
때 '서릿발 상주' 과정을 통해
표면으로 옮겨 간다. 이 과정은
농부들에게는 친숙한데, 땅이
얼 때 그것이 밭에 흩어져 있기
때문이다. 때로는 대류 패턴이
이런 동그라미 대신 고랑 같은
줄무늬를 만들기도 한다.

5장 | 파동과 모래 언덕

화학 시계가 지배하는 세계

실질적으로 자연의 모든 것은 파동이다. 빛과 소리는 파동이다. 바다와 대기는 진동을 전달하고, 맥박은 심장과 두뇌 활동을 빠르게 한다. 양자 물리학에서는 물질을 이루는 가장 작은 입자가 상황에 따라 마치 파동처럼 움직인다고 말한다. 파동은 공간뿐만 아니라 시간에 대한 패턴이기도 하다. 즉 그것은 주기적으로 오가는 일정한 펄스이다. 파동이 서로 만나 간섭하면 장관을 이루는 새로운 패턴이 만들어지기도 한다. 그러나 아마도 가장 놀라운 것은 순전히 무질서한 데서, 또는 언뜻 보기에 한 방향으로만 진행되는 불변의 과정에서 자기 조직화된 파동이 나타나는 것이다. 그런 경우에 파동은 화려한 필체로 자신의 존재를 물질에 각인한다.

아메바의 일종인 점균류 딕티오스텔리움 디스코이데움(*Dictyostelium discoideum*)의 삶은 별 볼일 없다. 땅 속과 썩은 나뭇잎에서 세균을 먹고산다. 그것은 현미경으로만 볼 수 있는 단세포 생물로 존재한다. 그들 50마리를 모아도 그 길이가 1밀리미터가 안 된다. 그런데 이 원시 세포들이 영양, 열, 습기 등이 부족하면 놀라운 일을 한다. 그들은 예술가가 된다.

아마도 약간 별난 방법일지 모른다. 하지만 스트레스를 받은 딕티오스텔리움 세포가 만드는 패턴이 아름답다는 점은 부정할 수 없다. 먼저 이 단세포 생물의 군락에서 줄무늬가 생긴다. 세포가 조밀하게 모인 줄 부분과 성기게 모인 틈 부분으로 구분된다. 이런 줄들은 곧지 않고 정교한 나선을 그린다. 세포의 행렬이 규칙적으로 전진해 가면서 나선은 물결처럼 밖으로 퍼진다. 그리고 나선이 언제나 그러듯이 돈다. 두 나선형 물결이 만나는 곳에서 그들은 서로를 파괴한다. 그 결과는 매혹적이다.

이런 거동은 세포가 위험에서 벗어나기 위한 시도로 생각할 수 있다. 물결 무늬 패턴은 세포들이 점점 서로를 향해 기어가고 뭉쳐서 작은 민달팽이를 닮은 세포 더미를 만드는 과정의 첫 번째 단계에 지나지 않는다. 약 10만 개의 세포로 된 이 덩어리가 하나의 유기체처럼 행동하기 시작한다. 물이나 온기를 찾아서 꿈틀꿈틀 끈적끈적거리며 앞으로 나아간다. 일단 더 나은 환경을 발견하면 똑바로 서 있는 손가락 모양을 만든다. 그 끝에 볼록 튀어나온 과일 같은 자실체가 부풀어 오른다. 그것은 새로운 세포로 발생할 준비가 된 가사 상태의 강인한 종자를 가지고 있다.

생존 메커니즘은 언제나 인상적이고 창의적이다. 그런데 세포들의 그런 '협동'은 어떻게 가능할까? 그들이 화학적으로 소통하기에 그렇게 할 수 있는 것이다. 스트레스를 받으면 그들은 다른 세포들을 근처로 유인하는 화학 물질을 방출하기 시작한다. 일부 동물이 배우자를 유혹하기 위해서 페로몬을 방출하는 것과 매우 유사하게 말이다. 그런데 세포는 이 화학 물질을 주기적으로 방출한다. 이러한 주기적인 방출이 점균류의 군락에서 파동을 만드는 것이다.

이러한 주기적 방출은 심장 맥박을 연상케 한다. 이렇게 조화로운 파동을 만들어 내는 딕티오스텔리움 군락은 전기 신호를 규칙적으로 만들어 근육을 일정한 박자로 수축시켜 혈액을 뿜어내게 하는 심장 세포와 어떻게 보면 비슷하다. 이 비교는 생각보다 훨씬 더 깊은 의미를 담고 있다. 왜냐하면 심장의 전기적 파동도 나선을 형성할 수 있기 때문이다. 만약 그렇다면 그것은 나쁜 소식이다. 이 특별한 패턴의 '심장파' 활동은 정상 심장 박동 수보다 빠른 '빈맥'의 징조를 알려 주는 신호이기 때문이다. 이것은 매우 임의적이고 얕은 근육 경련으로 발전할 수 있고 심방 잔떨림으로 불리는, 생명을 위협하는 치명적인 심정지 상태를 야기할 수 있다. 딕티오스텔리움에서 나선파는 생존의 전략이지만, 심장에서는 죽음의 신호일 수 있다.

파동은 자연의 모든 곳에 스며들어 있다. 정말 말 그대로. 음파는 진동하는 공기의 파동이다. 빛은 전기장과 자기장의 파동, 즉 전자기파이고 공간 속을 그 무엇보다 빠르게 이동한다. 파동은 서로 만날 때 '간섭'한다. 그들이 보조를 맞추느냐 아니냐에 따라 마루와 골이 강화되거나 사라질 수도 있고, 아름다운 간섭 패턴이 나타날 수도 있다. 수면파가 벽의 가장자리, 욕조, 강둑 등에서 튕길 때처럼. 빛의 간섭은 눈길을 끄는 색들을 만든다. 비누 막이나 젖은 도로 표면의 기름 막에 나타나는 색들처럼. 파동이 고정된 공간에 갇혀 있을 때 공명 현상으로 특정 주파수와 패턴이 선택될 수 있다. 오르간 파이프 안의 음파처럼. 18세기 과학자이자 음악가 에른스트 클라드니는 금속판의 한쪽 가

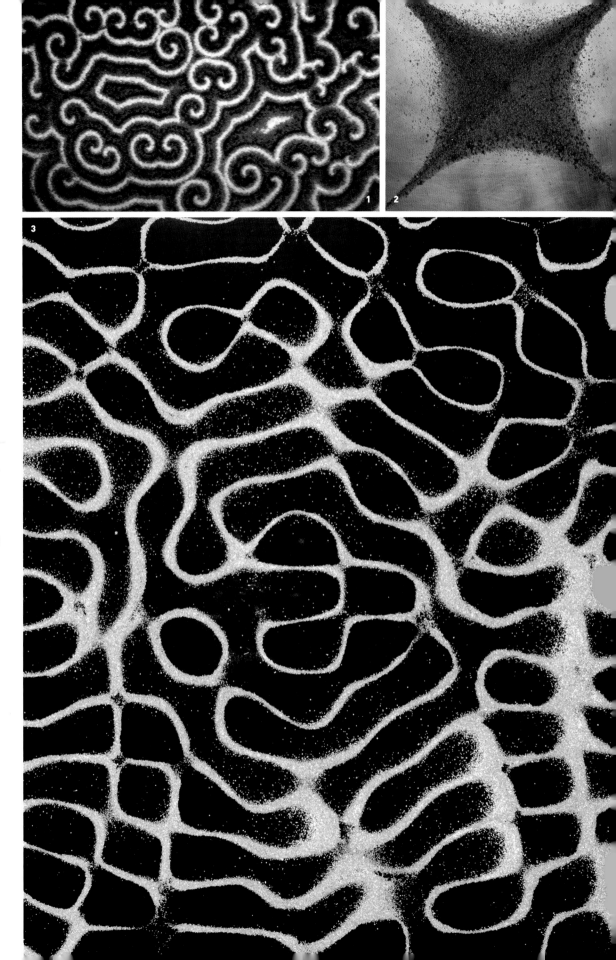

1 세포의 소용돌이 무늬
딕티오스텔리움 디스코이데움은
물이나 영양이 부족해 스트레스
받을 때 뭉쳐서 세포 덩어리를
만든다. 이것은 세포들이 화학
물질을 주기적으로 방출해
생기는 것이다. 이것은 그 군락을
사진에서처럼 동심 나선형
물결 모양으로 조직한다.

2, 3 클라드니 무늬
'클라드니 무늬(Chladni
figures)'로 불리는 패턴의
뿌리에는 파동이 있다. 가령
음파를 이용해서 평평한 판을
진동시킬 때 그 위에 고운
알갱이들이 있으면 이들이
흩어지면서 이 패턴이 생긴다.

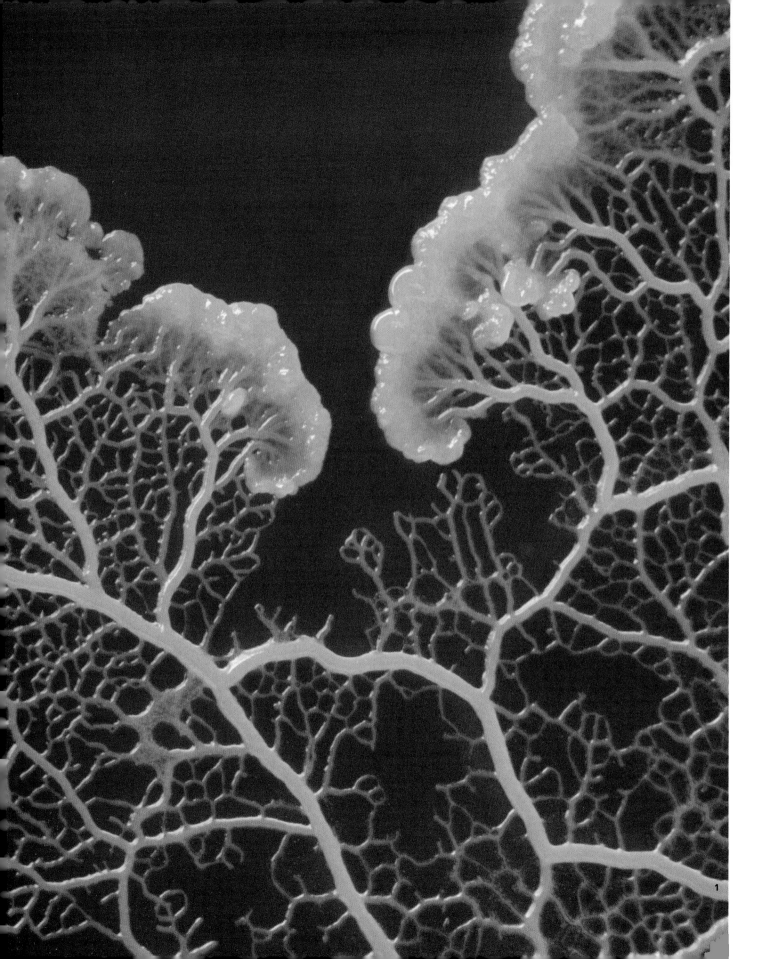

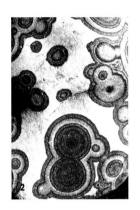

1 세포의 숲?
점균류 세포는 자주 뭉쳐서 변형체(plasmodium)라 불리는 덩어리를 이룬다. 그것은 세포가 교환하는 화학 신호에 따라 복잡한 모양도 만들 수 있다. 사진은 곰팡이 풀리고 셉티카(Fuligo septica)의 변형체다.

2 리제강 바위
이 구조는 바위에 자라는 이끼가 아니라 바위의 일부이다. 이것은 바위가 형성될 때 파동과 유사한 결정화 과정이 작용해 만들어진 것이다. (파면이 서로 교차할 때 어떻게 사라지는지 주목해 보라.) 이러한 구조는 독일 과학자 라파엘 에두아르트 리제강이 처음으로 맥동하는 침전 현상을 확인한 이후 '리제강 고리(Lissegang ring)'로 알려지게 되었다.

장자리를 바이올린 활로 그어 진동시키면, 금속판에 공명이 일어나 표면에 뿌려진 미세 입자들이 모였다 흩어지며 마디(파동에서 상하 진동이 없는 지점)가 있는 화려한 패턴을 이루게 됨을 발견했다.

화학 시계

그러나 딕티오스텔리움과 심장의 파동은 이것과 다르다. 그들은 실제로 전혀 진동하지 않는다. 즉 점균류나 심장 세포를 '흔드는' 것은 없다. 그들의 파동은 자기 조직화되어 창발된 것이다. 즉 그 파동을 전달하는 매질에서 바로 나온 것이다. 마치 커피 한 잔이 갑자기 어두운 액체와 가운데에 있는 크림의 소용돌이로 분리되는 것처럼 말이다.

그런 일은 일어날 것 같지 않다고 생각한다면 여러분의 직관은 정당할 수는 있지만 틀렸다. 그 직관은 정확히 1950년대 (구)소련 화학자들이 평범한 성분의 혼합물에서 자발적 파동 형성을 발견했을 때 생각했던 것이다. 발견자 보리스 벨루소프는 무능함으로 비난을 받았다. 왜냐하면 그가 발견했다고 주장한, 처음에는 자발적으로 한 방향으로 진행되고 그다음에 반대 방향으로 진행되는 화학 반응이 가능하리라 여겨지지 않았기 때문이다. 달리 말하면 시계추가 왔다 갔다 하듯 진동한다. 1960년대 러시아의 젊은 생화학자 아나톨리 자보틴스키는 벨루소프의 레시피를 살짝 바꾸어서 그 혼합물이 빨간색과 파란색 사이에서 바뀌도록 만들었다. 이제 더 이상 벨루소프의 발견을 부인하는 사람은 없다. 이 반응은 정말로 진동한다. 이 혼합물은 '벨루소프-자보틴스키 반응(BZ 반응)'으로 불린다.

이 진동은 영원히 지속되지 않는다. 비커 안에 가만히 놓아두고 시간이 지나면 반응은 결국 한 상태에 머물게 된다. 그러나 계속 신선한 재료를 공급하고 반

응 결과물을 제거해 준다면 계속 무한정 색깔이 변하도록 할 수 있다. 달리 말하면 계속해서 물질과 에너지를 공급한다면 반응이 최종 상태, 또는 '평형' 상태에 도달하는 것을 막을 수 있다. 이 진동은 비평형 현상이다. 이것은 자연에 수없이 존재하는 패턴 형성 과정의 공통적인 특징 중 하나이다. 그것은 그들의 평형 상태에서 멀리 떨어져 있으며, 일정한 에너지의 유입을 통해 그 상태를 유지한다. 가령 태양에서 방출된 열이 지구 해류의 끊임없는 순환 운동을 가능하게 하듯이 말이다.

1910년 미국의 생태학자이자 수학자인 앨프리드 로트카는 이렇게 진동하는 화학 반응을 이론적으로 설명했다. 그는 서로 다른 성분 사이에 특정 반응을 조합하면 서로 다른 상태 사이를 왔다 갔다 하는 시소 현상을 가져올 수 있음을 보였다. 어떤 상태에서 어떤 성분의 농도가 높아지면 혼합물은 한 가지 색을 띠게 된다. 다른 상태에서는 다른 반응물의 농도가 더 높아져 다른 색을 띠게 된다.

로트카는 사실 화학에 특별한 관심이 없었다. 생태학자로서 동물 개체군을 이해하려고 했을 뿐이다. 단지 화학 반응을 하나의 유추로 사용하려고 했다. 여우의 먹잇감이 되는 토끼를 생각해 보자. 토끼에게 복제 능력이 있다고 하면 토끼가 많으면 많을수록 새끼를 더 많이 낳는다. 이것은 개체수 폭발을 가져올 것이다. 만약 토끼를 분자라고 한다면 그것은 '자가 촉매(auto-catalyst)'라고 할 수 있다. 촉매는 반응이 일어나는 속도를 빠르게 하는 분자인데, 자가 촉매는 그 자신의 생산을 빠르게 하는 촉매이다. 자가 촉매 과정은 양성 되먹임 과정이다. 즉 통제를 벗어나 발산하는 폭주 효과를 가져올 수 있다. 억제하지 않으면 토끼 개체군은 먹이(풀)를 모두 소비할 때까지 성장하다가 멸종으로 치닫게 된다.

그러나 여우가 이 폭주 과정을 억제하는 역할을 한다. 토끼가 더 많을수록 더 많은 여우가 그들을 먹을 수 있어 번성하게 된다. 이것은 미묘한 균형이다. 만약 여우들이 너무 굶주려서 토끼를 모조리 잡아먹어 버린다면 그다음에는 자신들이 굶어 죽을 것이다.

대신에 생태계는 진동하는 상태로 발전할 수 있다. 여우가 많은 토끼를 먹으면 먹잇감이 줄어들고 여우 개체수가 줄어든다. 이로 인해 남아 있는 토끼는 한숨 돌리게 되고 다시 개체수가 증가한다. 이것은 또 여우의 생존을 위한 먹잇감의 증가를 가져오고 그 수가 토끼를 압도할 때까지 증가하고 다시 먹이가 없어져 줄어들고, 이 과정이 계속 반복된다. 이 주기의 한 지점에서 토끼는 매우 많고 여우는 적다. 또 다른 지점에서는 그 반대이다.

이것은 기본적으로 로트카가 고안한 체계이다. 비록 그는 이것을 자가 촉매, 또는 다른 화학 물질과 반응하고 그것을 '소비'하는 화학 물질의 관점에서 표현했지만 말이다. 수십 년 후 그 성분이 완벽하게 혼합되지 않아 농도가 고르지 않은 화학적 혼합물에서 진동은 두 가지 변수에 의존하는 것이 알려졌다. 바로 얼마나 빨리 분자들이 반응하고(원료, 소비), 얼마나 빨리 이곳에서 저곳으로 무작위 확산을 통해 이동하는가(원료 보충)이다. 경쟁하는 이 두 과정 때문에 이 계를 '반응-확산계(reaction-diffusion system)'라고 부른다.

자연의 물결

플라스크에 빨간색과 파란색이 번갈아 채워지며 이 둘 사이를 오가는 스위치 같은 시계는 보기에도 아름답지만 그 과정은 그 이상이다. BZ 반응의 성분들을 섞고 그것을 평평한 쟁반에 붓고 가만히 놓아두면 균일한 색 변화보다 훨씬 더 인상적인 무언가를 보게 된다. 그 용액의 특정한 몇몇 지점에서 새로운 색으로 바뀌기 시작하고 거기서부터 퍼져 나가 원형 조각을 만든다. 이 퍼져 나가는 파동의 여파로 혼합물은 다른 색으로 되돌아가기 시작한다. 하지만 다음 진동 주기에 새로운 파동이 같은 지점에서 생긴다. 이 과정이 일정한 주기로 계속 반복되어 동심원을 그리는 색깔의 파동을 만든다. 이것은 돌이 연못에 떨어질 때 생기는 물결처럼 성장한다. 이것은 반응과 확산의 경쟁으로 작동하는 '화학 파동'인 것이다.

화학 파동으로 생긴 패턴은 화학계에서 광범위하게 볼 수 있다. 기체 분자가 금속 표면에 달라붙는 반응을 촉진하는 성질을 가진 금속의 표면에서 형성된다. (여기서 패턴은 일반적으로 현미경으로 보아야 할 정도로 작다.) 그리고 만약 이 동심원 띠가 줄마노와 마노 같은 광물에서 발견되는 패턴을 상기시킨다면 그것은 우연이 아닐 것이다. 이 띠들은 서로 다른 광물 유형의 결정화로 형성된다. 지구 지각에 있는 따뜻하고 소금기 있는 액체가 식으면서 생성된다. 이 결정화 과정은 BZ

"파동은 자연의 모든 곳에 스며들어 있다. 정말 말 그대로."

1

반응의 화학 파동과 매우 닮은 파동으로 일어나는 것처럼 보인다. 수천 년 동안 한자리에서 굳어진 이 경우에서는 말이다.

BZ 반응이 만드는 과녁형 패턴과 나선형 패턴은 꼭 딕티오스텔리움 디스코이데움 세포가 생명을 보전하기 위해 '버섯'을 형성하고자 서로를 찾을 때 만드는 패턴처럼 보인다. 둘 다 화학 반응이지만 서로 매우 다르다. 하나는 단지 간단한 화학 원소가 녹아 있는 용액이지만, 다른 하나는 화학 물질을 주기적으로 방출하며 헤엄치는 세포들이다. 그리고 이런 식의 주기적 급변 현상은 또한 심장 박동의 주기적인 수축을 일으

키는 심장 근육의 전기 활동과 비슷해 보인다. 어떻게 이렇게 다양한 계들에서 이렇게나 비슷한 패턴이 나오는 것일까?

그것은 세부 사항에 무관하게 이 모든 패턴의 기본이 같기 때문이다. 이 계들의 전체 구성, 즉 화학 용액, 세포 군락, 심장 세포 등은 서로 다른 두 상태 사이를 왔다 갔다 할 수 있다. 또 이 변환 과정에는 되먹임 과정과 자가 촉매 과정이 포함되어 있다. 그것은 심지어 여우와 토끼에도 똑같이 적용된다. 처음 토끼 개체수가 장소마다 무작위적으로 조금씩 다르다고 가정해 보자. 그러면 개체수가 더 조밀한 지역이 밖으로 퍼

1 화학 파동

벨루소프-자보틴스키 반응으로 불리는 화학 성분의 혼합물은 진동을 겪는다. 처음에는 한 가지 색(빨간색)의 반응물을 만들고 그다음에는 다른 색(파란색)으로 시시각각 변한다. (사진 참조) 이 반응을 저어 주지 않고 평평한 그릇에서 진행되도록 하면 진동은 동심원의 과녁형 패턴과 나선형 패턴을 만드는 파동을 만든다. 파면은 서로 만나면 사라진다.

일부 쌍각류의 껍데기 표면에
아주 작은 나선과 과녁 모양
패턴이 생기는 경우도 있다.
이것은 벨루소프-자보틴스키
반응에서 화학 파동이 만드는
패턴과 매우 유사하다.

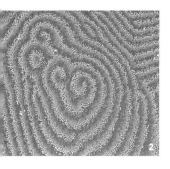

져나가는 개체수 '성장파'의 파원이 될 수 있다. (실컷 먹은 여우의 개체수 성장파가 바로 뒤를 따를 것이다.)

반응-확산 과정은 조개와 달팽이 같은 연체동물의 껍데기에 형성된 물결 모양의 착색 패턴을 설명할 수 있다. (껍데기를 구성하는 광물 자체의 미세한 테라스에서 눈에 보이지 않는 작은 나선도 볼 수 있다.) 그런 패턴 특징을 만드는 양성 되먹임 과정은 바람 부는 사막에서 모래 언덕, 즉 사구의 형성에도 기여하는 것처럼 보인다. 사구는 여러 형태를 취할 수 있다. 초승달 모양의 바르한 사구, 뱀처럼 구비구비 길게 뻗은 종사구, 불가사리처럼 중심부 언덕에서 팔이 여러 개 뻗어나온 성

사구 등이 있다. 사구는 화성에서도 볼 수 있다. 화성 또한 바람이 휘젓는 광대한 사막이 있다. 하지만 다른 행성 조건이 지구에서는 찾아볼 수 없는 패턴을 만들 수 있다. 토성의 위성 타이탄에도 사구가 있다. 여기서는 모래 입자가 아니라 동결된 탄화수소 화합물, 아마도 얼음으로 코팅된, 왁스와 비슷한 물질이 사구를 이루고 있을 것이다. 이것들은 자기 조직화 패턴 형성이 우주의 보편적 특징 중 하나라는 사실을 확실히 상기시킨다. 세부 사항은 바뀔 수 있지만 근본 과정은 똑같다. 이것이 바로 어떤 세계도 우리 세계와 완전히 다른 것처럼 보이지 않는 이유인 것이다.

사막과 조개의 닮은 점은?
바람이 불어 생긴 사막의 연체동물 껍데기의 착색 패턴은 둘 다 정지된
파동의 일종이다. 사막의 연흔은 사실 느리지만 꾸준하게 변하고 있다.

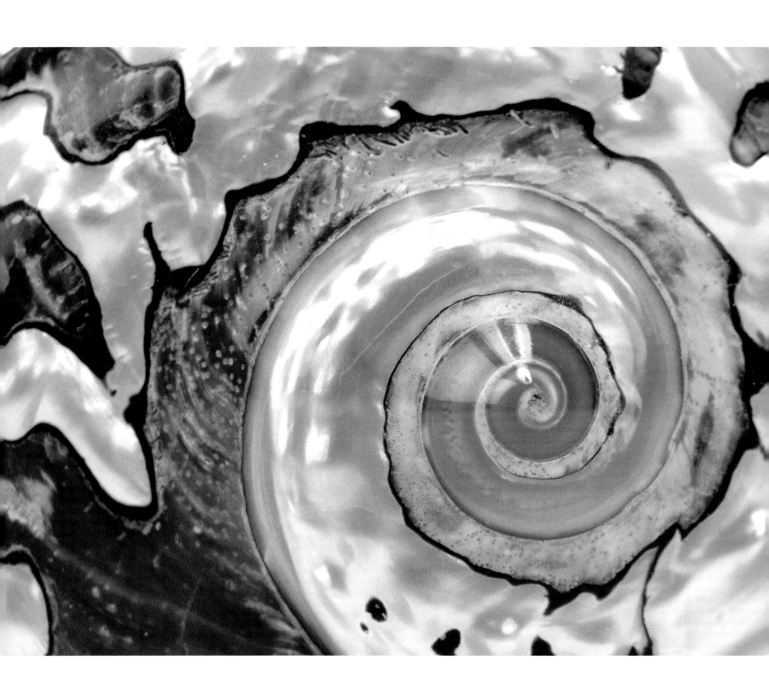

착색의 파동

연체동물의 껍데기가 성장하면서 착색 물질은 가장자리를 따라
놓인다. 착색-비착색 성장 신호가 주기적으로 방출됨에 따라
결과적으로 원뿔 모양 껍데기의 축에 수직한 띠가 만들어진다.
착색이 가장자리 주변의 고정된 장소에서 일어난다면 결과는
그 축에 나란한 줄무늬이다. 또 착색이 가장자리 주위를 꾸준히
전진하는 파동처럼 일어난다면 그것은 기울어진 줄무늬를 만들
것이다. 이 모두는 화학 파동 패턴이 형성되는 방식과 비슷하다.

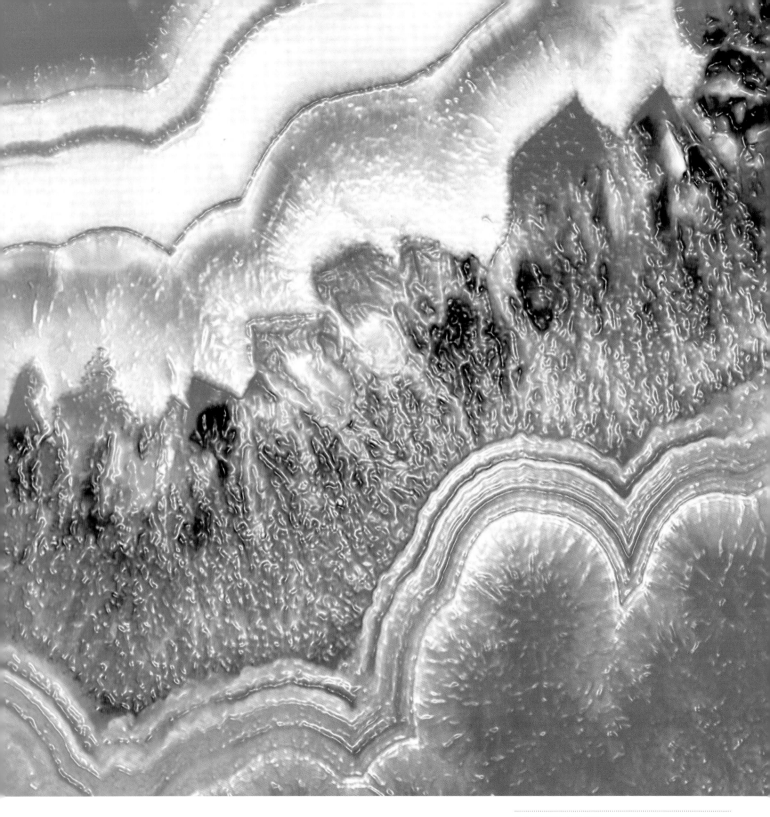

화학 반응의 스냅 사진
사진의 마노와 같은 광물에서는 그 광물이 형성되는 결정화
과정의 화학적 파동을 볼 수 있다. 이것은 그 토대가 되는
반응-확산 과정의 정지된 기록이라고 할 수 있을 것이다.

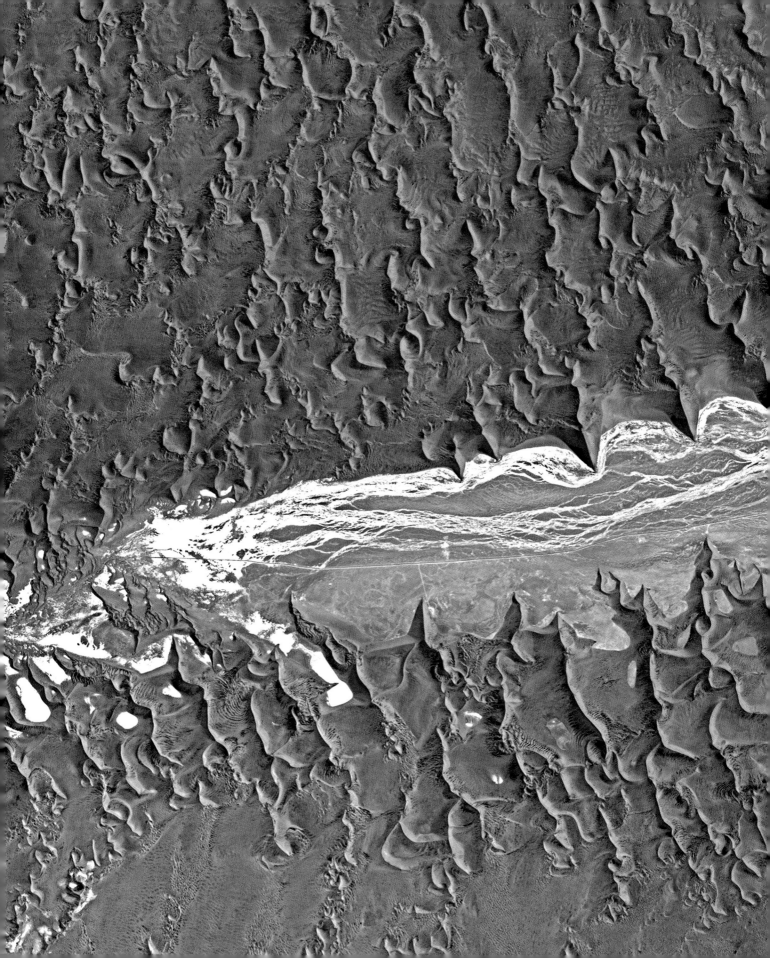

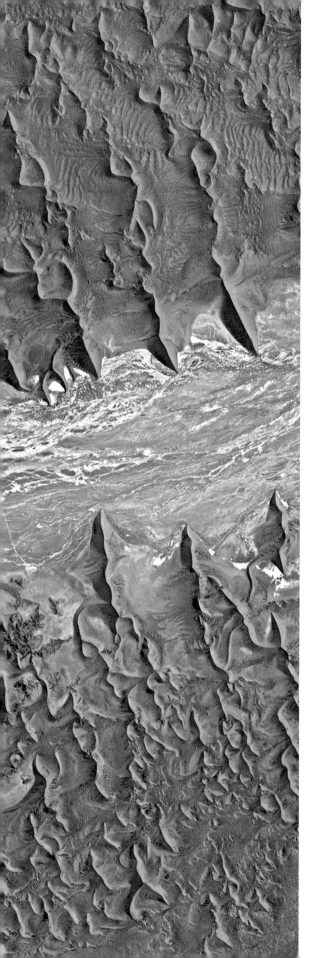

사막의 이빨
나미비아 나미브 사막의 이
불규칙적인 모양의 사구들은
세계에서 가장 높은데,
고도 약 300미터에 이른다.
푸르스름한 지역은 말라 버린
강바닥이며 하얀 소금층이
밖에 드러나 있다. 도로 하나가
그 중심을 통과하며 좁고 밝은
푸른색 선으로 겨우 보인다.

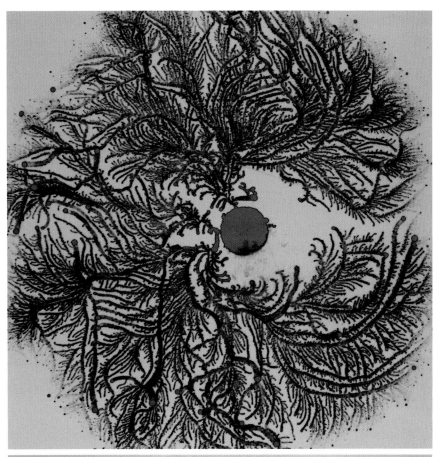

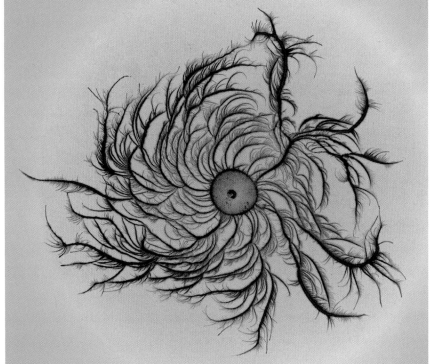

세균의 예술

세균 세포 사이의 화학적 의사
소통이 세균 군락을 사진들처럼
얽히고설킨 수지상 구조의
복잡한 모양으로 만들어 낼 수
있다. 이 군락에서 무작위적인
유전자 변형이 일어나면 갑자기
성장의 모양이 바뀌기도 한다.
이것은 이점으로 작용할 수도
있다. 돌연변이가 다른 것보다
더 빠르게 번식하기 때문이다.

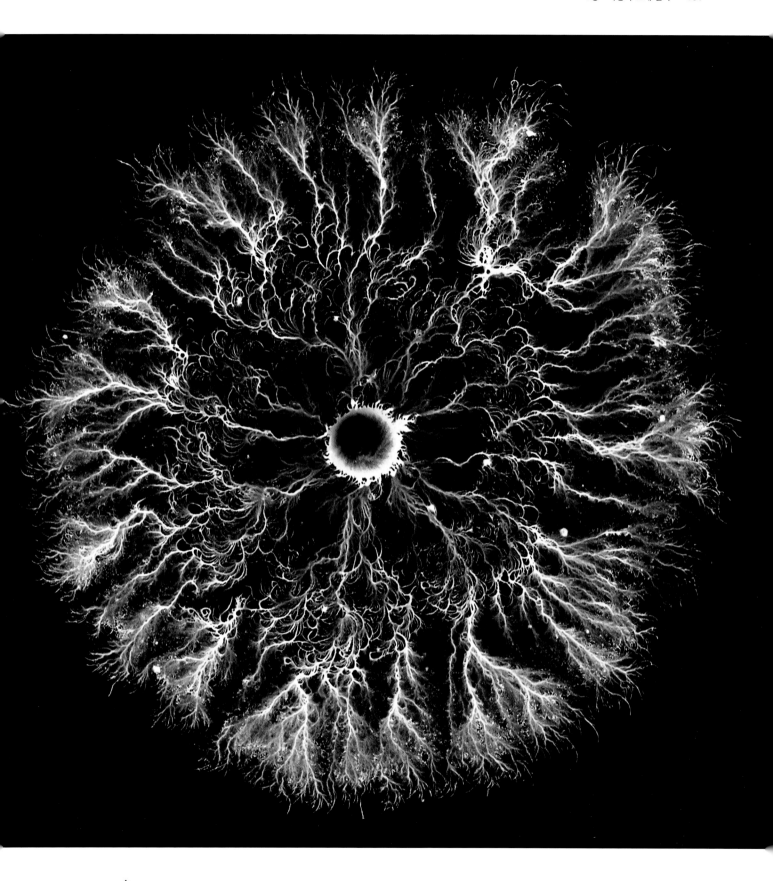

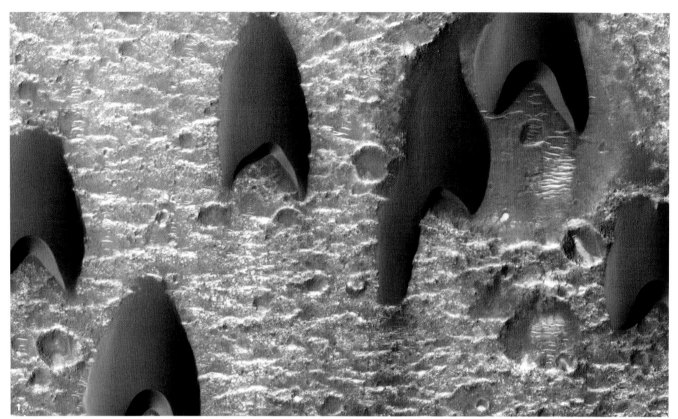

화성의 모래 언덕

바람이 화성의 사막을 가로질러
불고, 지구에서와 똑같이 사구를
만든다. 이중 일부는 초승달
모양의 바르한 사구(1)처럼
지구의 사구와 비슷한 모양이지만
다른 것들은 지구에서는 볼 수
없는 것들이다. 그 이유는 화성의
여러 조건이 지구와 다르기
때문이다. 이것은 입자들이
이동하고 되튀는 방식에
영향을 준다. 가령 중력이 더
약해지면 대기권은 더 얇아지고
바람은 훨씬 더 빨라진다.

6장 | 거품

벌과 건축가만
공유하는 비밀

"자연 철학자에게 중요하지 않거나 사소한 자연의 대상은 없다. 비누 거품, 사과, 조약돌. 그는
경이로움을 느끼며 걸어간다." 영국 과학자 존 허셜이 1830년에 쓴 글이다. 비누 거품은 정말로 시시한
아이들 장난감이라고 생각할지 모르지만 과학의 가장 위대한 정신 중 일부는 그 힘과 아름다움에
매료되었다. 물론 그 모양은 당혹스럽기도 하지만. 비누 막과 거품은 특별한 경제학을 보여 준다.
잡아당기고 밀어서 우아한 곡선과 구조와 모양을 만드는 힘이 어떻게 정확한 균형을 잡는지 가르쳐
준다. 자연은 때로는 유용하면서도 기발한 건축물을 짓기 위해 이런 패턴을 독창적으로 이용한다.

벌은 어떻게 그렇게 하는 걸까? 호박색 꿀을 저장하고 애벌레를 양육하는 벌집, 완벽한 육각형 단면을 가지는 프리즘 모양의 방 배열은 정밀 공학의 경이이다. 그 밀랍 벽은 매우 정확한 두께로 만들어지고, 방들은 찐득한 꿀이 떨어지는 것을 막기 위해 수평에서 약간 기울어져 있고, 벌집 전체는 지구 자기장에 맞춰져 있다. 그렇지만 이 구조는 어떤 청사진이나 선견지명을 가지고 만들어진 것이 아니라 수많은 벌들이 동시다발적으로 일을 해서, 그리고 잘 맞지 않는 방들을 피하기 위해 다소 협동해서 만들어진 것이다.

고대 그리스 수학자 파푸스는 벌에게 반드시 "특정한 기하학적 선견"이 있어야 한다고 생각했다. 그리고 신 외에 누가 벌에게 그런 지혜를 주었겠는가? 1852년 윌리엄 커비에 따르면 벌은 "하늘의 가르침을 받은 수학자"이다. 찰스 다윈은 그 정도로 확신하지는 않았고 벌이 진화된 타고난 본능만으로 완벽한 벌집을 지을 수 있는지 없는지를 확인하는 실험을 했다.

그런데 왜 육각형인가? 그것은 단순한 기하학적 문제이다. 모양과 크기가 똑같은 방들로 평면을 모두 채우고 싶다면 오직 3개의 정다각형만 써야 한다. 바로 정삼각형, 정사각형, 정육각형이다. 이중 정육각형 방은 같은 면적의 정삼각형이나 정사각형과 비교해서 벽의 총 길이를 최소화한다. 따라서 벌이 육각형을 선택하는 것이 이해가 된다. 왜냐하면 벌들 역시 밀랍을 만드는 데 드는 에너지를 최소화하기를 원할 테니까. 건축업자들이 벽돌 비용을 아끼려고 하는 것과 마찬가지로 말이다. 이것은 18세기에 이해되었고, 다윈은 육각형 벌집은 "노동과 밀랍을 절약하기 위한 정말 완벽한 선택이었다."라고 선언했다.

다윈은 자연 선택이 벌에게 다른 모양보다 에너지와 시간이 덜 드는 정육각형 밀랍 방을 만드는 본능을 주었다고 생각했다. 그러나 벌은 각도와 벽 두께를 재

는 특별한 능력을 소유한 것처럼 보인다. 하지만 벌들이 그 능력에 얼마나 의지하는지는 사람마다 생각이 다르다. 육각형 집짓기는 어찌되었건 자연이 하는 일이기 때문이다.

육각형 구조의 비밀

수면을 한 층의 거품으로 덮는다면 거품들은 육각형, 또는 그것과 비슷한 모양이 된다. 결코 정사각형 거품 층을 발견할 수 없다. 거품 벽 4개가 만나도 곧바로 벽 3개가 만나는 모양으로 재배치되고 메르세데스벤츠 상표처럼 대략 서로 120도 각을 이룬다.

벌 같은 주체가 없는데도 이런 모양이 생긴다. 이 모든 것은 물리 법칙의 산물이다. 이 법칙은 거품 벽의 세 갈래 접점처럼 분명 선호하는 게 따로 있다. 더 복잡한 기포에서도 마찬가지이다. 한 대접의 비눗물에 빨대를 꽂고 바람을 불어 거품을 3차원으로 쌓으면 거품이 한 점에서 만날 때에는 항상 각도가 대략 109도(사면체와 관련이 있는 각)인 네 갈래 접선이 생기는 것을 보게 될 것이다.

어떤 법칙이 거품의 모양을 결정하는 것일까? 벌보다 자연이 경제에 더 관심이 많다. 비누 거품의 막은 비누 분자들과 물로 만들어지고, 표면 장력은 액체 표면을 잡아당겨서 면적을 최소화한다. 그것이 바로 떨어지는 빗방울이 (어느 정도) 구형인 이유이다. 구는 다른 어느 모양보다 단위 부피당 표면적이 작다. 같은 이유로 나뭇잎 위에서 물방울이 작은 구슬로 오므라든다.

표면 장력은 거품이 만드는 패턴을 설명해 준다. 거품은 총 표면적이 최소화되는 구조를 찾는다. 그러나 거품 벽의 구조 또한 역학적으로 안정해야 한다. 즉 접점에서 서로 다른 방향으로 당기는 힘들이 완벽하게 균형을 이루어야 한다. 성당 건물이 서 있으려면 성당 벽의 힘이 균형을 이루어야만 하는 것처럼. 거품의

육각형의 벌집
자기 둥지에서 일하고 있는 말벌(*Vespula vulgaris*). 왜, 어떻게 육각형으로 방을 만드는 걸까?

세 갈래 접합부나 네 갈래 접합부는 균형을 잡는 구조인 것이다.

벌집을 일종의 굳은 밀랍 거품으로 생각하는 사람들도 있다. 그들은 쌍살벌의 벌집을 설명하는 데 어려움을 겪을 것이다. 쌍살벌은 밀랍이 아닌 나무 섬유와 식물 줄기를 씹은 덩어리로 종이를 만들어 벌집을 짓는데, 여기에서도 마찬가지로 육각형 방 배열이 발견된다. 표면 장력은 여기서 별 효과가 없을 수 있다. 뿐만 아니라 말벌은 종마다 현저하게 다른 벌집을 만들라는 건축 설계 본능을 유전적으로 물려받는 것처럼 보인다.

비록 비누 막 접합부의 기하학이 역학적인 힘의 상호 작용으로 설명된다고 해도 그것이 비누 거품의 모양이 어떨지에 대해서 말해 주지는 않는다. 전형적인 비누 거품은 다양한 모양과 크기의 다각형 방들로 구성된다. 자세히 보면 그 변이 완벽한 직선인 경우는 드물고 대부분 약간 휘었다. 왜냐하면 거품 안 기압은 거품이 작을수록 더 높아서 보다 큰 거품 옆 작은 거품의 벽은 바깥쪽으로 약간 부어오르기 때문이다. 더욱이 변이 다섯, 또는 여섯인 면도 있고, 단지 넷, 심지어 셋인 것도 있다. 약간 휜 벽을 가진 이 다각형들은 역학적 안정성에 필요한 '사면체'에 배열에 가까운 네 갈래 접합부를 가질 수 있다. 따라서 방 모양은 말 그대로 약간의 유연성이 있다. 반면 기하학적으로 비누 거품은 다소 무질서하다.

모든 거품의 크기가 같은 '완벽한' 비누 거품을 만들 수 있다고 하자. 그러면 접합부의 각도 조건을 만족하면서 거품 벽의 총 면적은 최소화하는 최적의 모양은 무엇일까? 이 문제는 최근까지도 논쟁거리이다. 오랜 시간 최적의 모양은 사각형과 육각형의 면을 가진 십사면체라고 생각되었다. 그러나 1993년에 8개의 서로 다른 다면체로 이루어진 단위체를 반복적으로 쌓으면 좀 더 경제적인(하지만 질서는 조금 없어진) 비누 거품 구조를 만들 수 있다는 사실이 발견되었다. 좀 더 복잡한 이 패턴은 2008년 베이징 올림픽 수영 경기장 설계에 영감을 주었다.

비누 거품의 모양을 결정하는 규칙은 생명 세포의 패턴을 조절하는 데도 적용된다. 파리의 겹눈은 거품 층과 똑같은 6방 밀집 구조를 보여 줄 뿐만 아니라 각 개별 렌즈 안에 있는 감광 세포는 꼭 비누 거품처럼 보이는 4개가 뭉쳐 하나의 단위체를 이루고 있다. 한 단위체에 4개 이상의 감광 세포가 있는 돌연변이 파리도 그 배열이 거품이 채택한 배열과 거의 똑같다.

표면의 경제학

비누 막을 철사 고리에 입히면 표면 장력 때문에 비누 막은 트램펄린의 탄력 있는 막처럼 평평하게 당겨진다. 이 철사 틀을 구부리면 비누 막도 우아한 윤곽을 그리며 휜다. 이것은 프레임 사이의 공간을 덮는 가장 경제적인 방법이 무엇인지 무심코 말해 준다. 건축가는 여기에서 가장 적은 재료를 가지고 복잡한 구조의 지붕을 어떻게 얹을 것인가 하는 문제의 답을 찾을 수 있다. 프라이 오토와 같은 건축가들은 이른바 '극소 곡면(minimal surface)'이 주는 아름다움과 우아함, 그리고 경제학을 자신의 건축물에 응용한 바 있다.

이런 표면들은 표면적뿐만 아니라 총 곡률도 최소화한다. 더 많이 굽을수록 곡률이 더 커진다. 1장에서 보았듯이 곡률은 양수(돌출된 곳)나 음수(움푹 팬 곳)의 값을 갖는다. 따라서 양수의 곡률과 음수의 곡률이 서로 상쇄되어서 평균 곡률이 0이 될 수 있다.

휘어 있기는 하지만 평균 곡률이 매우 작거나 심지어 없는 곡면을 만들 수도 있다. 이와 같은 극소 곡면은 공간을 질서정연한 통로와 채널로 이뤄진 미로로 나눈다. 이것을 '주기 극소 곡면(periodic minimal

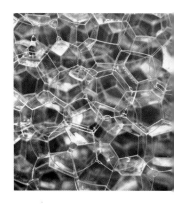

비누 거품의 비밀 구조
비누 거품은 평평한 면과 다소 규칙적인 다면체들로 이루어진다. 그 기하학적 구조는 몇 개의 근접 규칙으로 결정된다.

거품의 기하학
비누 거품에서 막은 일반적으로 4겹 접합을 이룬다. 대략 사면체의 모서리를 가리키는 네 변과 함께. 어떤 거품 면들은 평평하지 않고 휘어져 있다. 거품 안의 기압 차 때문이다.

surface)'이라고 부른다. (여기서 '주기'는 특정한 구조, 다른 말로 규칙적인 패턴이 반복된다는 뜻이다.) 이 패턴이 19세기에 발견되었을 때는 수학적인 호기심거리로 여겨졌지만 이제 우리는 자연이 그것을 이용한다는 것을 알고 있다.

식물에서 칠성장어, 토끼에 이르기까지 많은 유형의 생물 세포는 이와 같은 미세 구조를 갖는 막을 가지고 있다. 무엇 때문인지 아무도 모르지만 일종의 유용한 역할을 가지고 있을 것이라는 가정이 널리 퍼져 있다. 아마도 그것은 하나의 생화학 과정을 다른 과정이 줄 수 있는 혼선과 간섭으로부터 차단하는 기능을 가지고 있을지도 모른다. 동시에 그것은 생화학 반응이 일어나는 표면의 넓이를 넓히는 효율적인 방법이기도 하다. 그 기능이 무엇이건 간에 그런 미로를 만드는 데 복잡한 유전 지침이 필요하지 않다. 물리 법칙이 그것을 만들어 주기 때문이다.

유럽부전나비(*Callophyus rubi*)와 에메랄드 반점이 있는 캐틀하트와 같은 나비류들은 날개 비늘에 자이로이드(gyroid)로 불리는 특정한 주기 극소 곡면 모양과 키틴으로 불리는 단단한 물질로 된 질서정연한 미로를 가지고 있다. 이 규칙적인 구조에서 빛들이 굴절하고 간섭해 어떤 파장의 빛(어떤 색)은 사라지게 하는 반면 다른 파장의 빛(이 경우에는 초록색)은 강화한다. 주기 극소 곡면의 패턴이 동물의 몸빛을 결정하는 것이다.

자연의 예술적 형태

성게의 일종인 시다리스 루고사(*Cidaris rugosa*)의 골격은 또 다른 종류의 다공성 주기 극소 곡면 모양을 보여 준다. 그물 모양의 그 외골격은 실상 연한 조직의 바깥에 자리 잡고 있으며, 분필과 대리석과 같은 광물로 만들어지고 위협적인 가시가 난 일종의 보호막이다. 이 열린 살창 구조는 이 물질이 마치 비행기를 만드는 데 이용되는 발포 금속처럼 너무 무겁지 않으면서 강하다는 것을 뜻한다.

그렇게 단단하고 뻣뻣한 광물로 질서정연한 연결망을 만드는 주형틀로 이 생물은 연하고 유연한 막을 이용하는 듯하다. 이 주형틀 안에서 광물을 결정화해 주기 극소 곡면의 연결망을 만든다. 다른 생물들은 이런 방식으로 더 정교한 광물 거품을 만들기도 한다. 이러한 구조는 빛을 가두고 안내하는 거울과 통로 역할

을 할 수 있다. 가시고슴도치갯지렁이로 알려진 독특한 해양 생물의 키틴질 가시 안에는 텅 빈 미세 채널들이 벌집 배열을 이루고 있는데, 머리카락 같은 이 구조가 자연의 광섬유로 기능한다. 빛을 통과시키고, 조명에 따라 붉은색에서 푸른빛이 감도는 초록색으로 이 생물의 색을 바꾼다. 이런 색 변화는 천적을 피하는 데 도움을 줬을 것이다.

연한 조직과 막을 사용해서 패턴이 있는 광물 외골격을 만드는 원리는 해양 생물에 널리 이용되고 있다. 어떤 해면은 비누 거품의 막과 접합부로 형성된 패턴과 놀라울 정도로 유사한, 정글짐처럼 연결된 광물 막대기들로 만들어진 외골격을 가지고 있다.

'생무기물화(biomineralization)'로 알려진 딱딱한 조직 형성 과정은 방산충과 규조류로 불리는 해양 생물에 인상적인 결과를 만든다. 일부는 육각형과 오각형 광물 그물로 만들어진, 섬세한 패턴이 그려진 외골격을 가지고 있다. '바다의 벌집'이라고 부를 수 있을 정도이다. 독일의 생물학자이자 타고난 예술가인 에른스트 헤켈은 19세기 말에 현미경으로 그것들의 모양을 처음으로 보았다. 헤켈은 삽화 작품집 『자연의 예술적 형태(*Art Forms in Nature*)』로 큰 인기를 얻었다. 이 책은 20세기 초 예술가들에게 매우 큰 영향을 끼쳤고, 지금 펼쳐 봐도 감탄을 불러일으킨다. 헤켈에게 해양 생물의 다양한 형태는 자연계가 가진 근본적인 창조성과 예술성에 대한 증거였다. 우리가 바로 그 개념에 대해 찬성할 수는 없을지라도 패턴이 자연계의 억제할 수 없는 충동이라는 헤켈의 신념에는 끌리는 무언가가 있다.

"주기 극소 곡면은 수학적인 호기심거리로 여겨졌지만 이제 우리는 자연이 그것을 이용한다는 것을 알고 있다."

기포 결정

해조류의 일종인 규조류는 패각(貝殼)이라고 불리는 딱딱한 규소 광물의 우리 안에 산다. 이것은 흡사 고체화된 거품처럼 흔히 홈, 마루, 구멍 등으로 복잡하게 패턴화되어 있다. 연한 조직으로 이뤄진 거품 같은 구조가 패각이 성장하는 동안 거푸집 역할을 한다고 여겨진다.

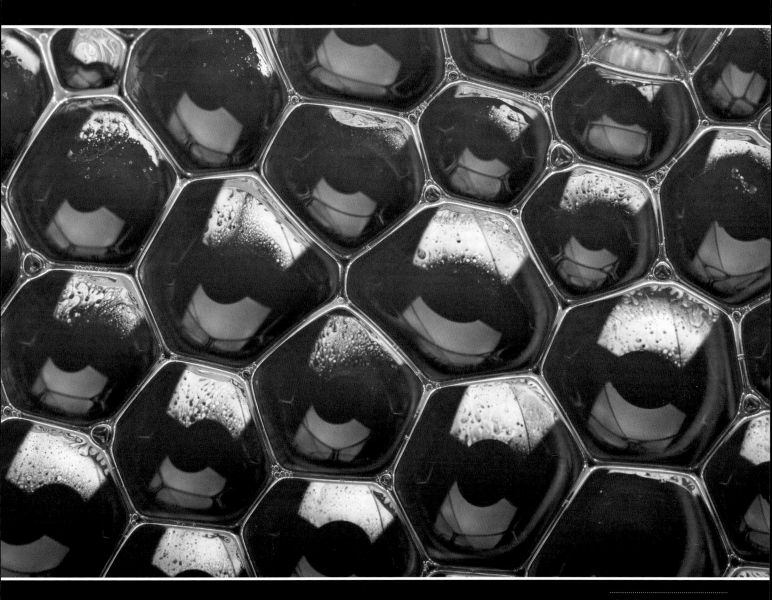

거품 뗏목

거품의 단일 층, 즉 거품 뗏목은
대부분 육각형 거품으로
구성된다. 비록 모두가 완벽한
육각형은 아니지만 말이다.
약간의 '결함'이 있다. 즉 아마도
변이 5개나 7개인 거품도
있다. 그럼에도 불구하고 모든
거품 벽의 접합부는 3면, 또는
3겹으로 되어 있는데 약 120도에
가까운 각을 이루며 만난다.

벌집을 만드는 건 누구?
벌들은 자신들이 분비하는
부드러운 밀랍으로 완벽한 육각형
방을 만드는 데 특화된 기능을
가진 것처럼 보인다. 그러나
일부 연구자들은 거품 뗏목에서
거품들이 정렬하는 것과 정확히
똑같은 방식으로 부드러운

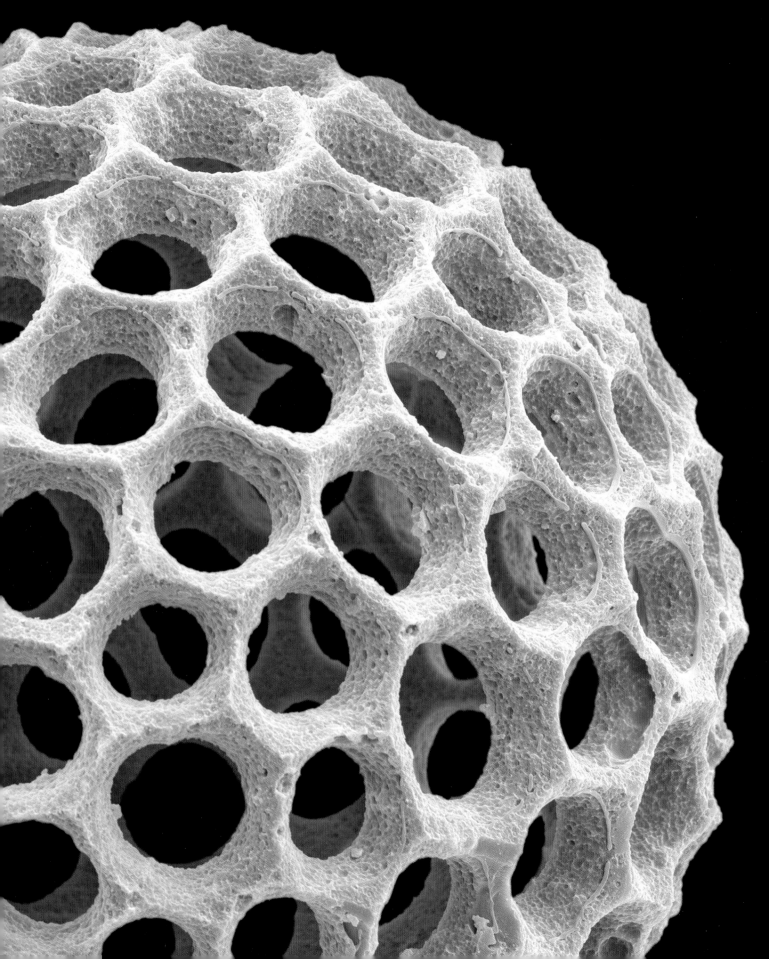

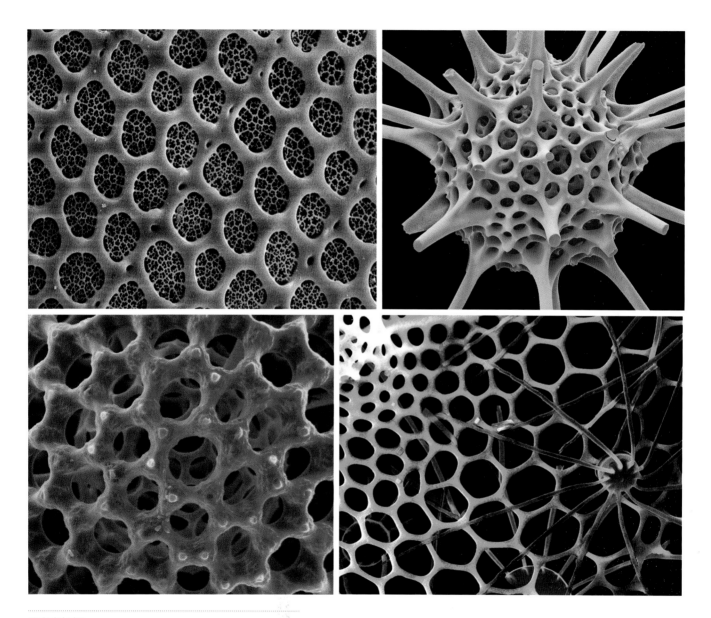

굳어 버린 거품

방산충의 복잡하고 구멍이 많은 외골격은 '굳어 버린 거품'과 유사하다.
그것은 구조가 쌓이면서 일시적으로 형성되는 거품 같은 소포 사이
접합부에서 딱딱한 광물질의 결정화로 만들어진다. 그렇다면 3면이
거의 120도로 만나서 대략 6방 정렬을 이루는 거품층의 '규칙'을 따르는
것이 전혀 놀랍지 않다. 이 기본 원리가 다른 종에서 여러 다른 방법으로
나타난다. 여기에서 보는 방산충은 통상 폭이 0.1~0.2밀리미터이다.

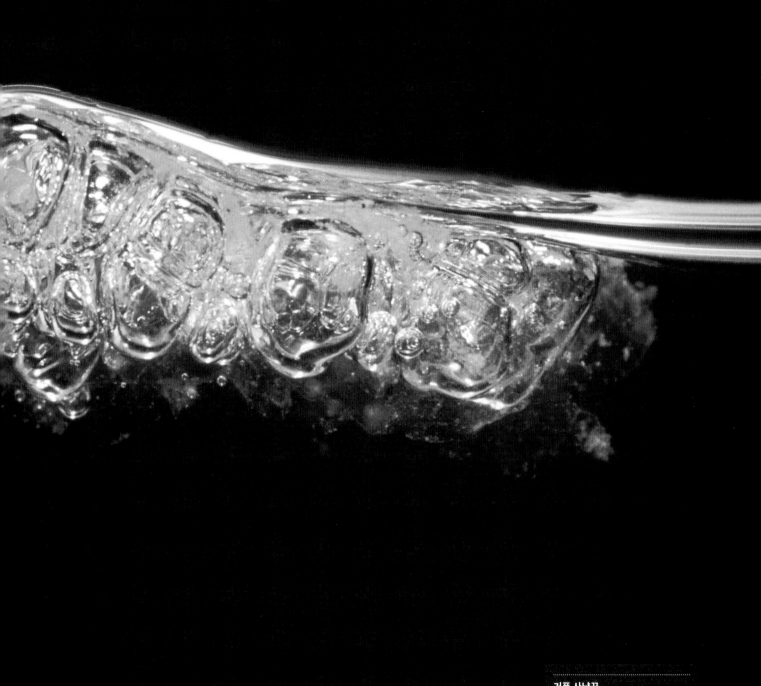

거품 사냥꾼
자연은 거품을 잘 이용한다.
보라고둥(*Janthina janthina*,
보라바다달팽이)은 점액으로 덮인
거품으로 부력이 있는 거품 뗏목을
만들어 바다 표면에 매달려 있다.
이것으로 보라고둥은 수면에 사는
작은 생물을 먹이로 삼을 수 있다.

구조색

나비 날개에 있는 비늘 표면의
아주 작은 나란히 놓인 마루들이
반사되는 빛의 간섭을 일으켜서
특정 색을 만든다. 달리 말하면
이런 색 중 일부(특히 진주
빛깔의 푸른색과 초록색)는 빛을
흡수하기만 하는 색소가 만들 수
있는 게 아니다. 빛을 산란시키는
미세 구조와 패턴이 만든다. 한편
어떤 나비 종의 비늘을 좀 더
자세히 조사해 보면 다음 쪽에서
보는 것처럼 더욱 세밀하고
정교한 구조를 볼 수 있다.

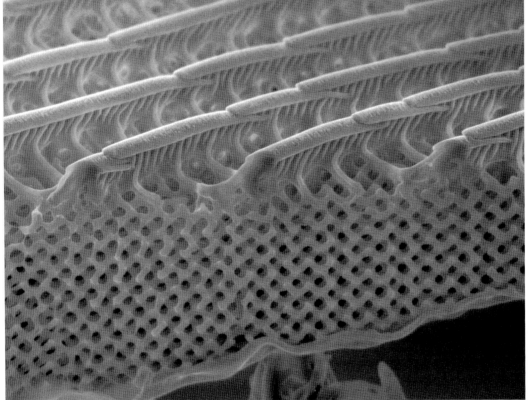

나비 날개 비늘 속 기포
여기 보이는 유럽녹색
부전나비의 날개 비늘의
단면은 그 뼈대(글루코스 기반
소재인 키틴질로 되어 있다.)가
자이로이드라는 수학적인
주기 극소 곡면과 같은 구조로
되어 있음을 보여 준다. 이것은
부드러운 막으로 만들어진
거품처럼 생긴 거푸집에서
만들어진 것으로 생각된다.
이 구조는 강하고 가볍지만
그 핵심 기능은 반사광의
간섭을 일으켜서 날개 비늘을
초록색으로 보이게 하는 것이다.

해면이 만든 섬유

해로동혈(*Euplectella aspergillum*) 같은 해면동물의 구멍이 송송 뚫린 골격은 유리와 비슷한 물질로 된 침골이 엮여서 만들어진다.

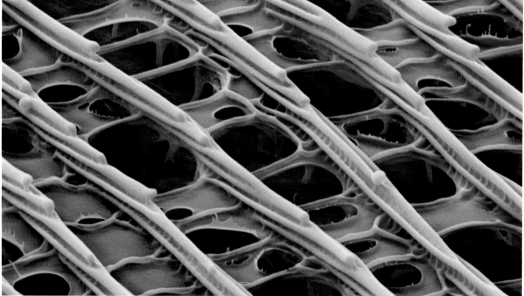

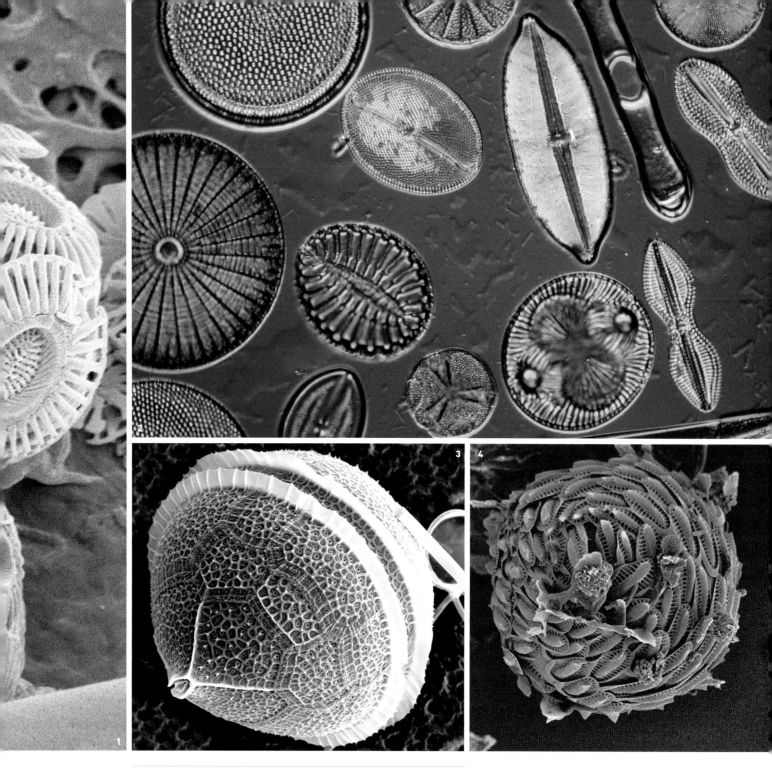

바닷속 조각전

인편모조류(1), 규조류(2, 4), 와편모조류(3)를 포함하는 많은 해양 생물들은 딱딱한 외골격 껍데기를 가지고 있다. 그 껍데기들은 섬세한 패턴이 있는데 종종 구멍이 난 기포와 같은 형태를 가지기도 한다. 이것들도 역시 부드러운 유기 물질 주형틀 위에 딱딱한 광물이 쌓여서 형성된 것처럼 보인다. 하지만 그 과정의 세부 사항들은 대부분의 경우 완전히 이해되지 못하고 있다.

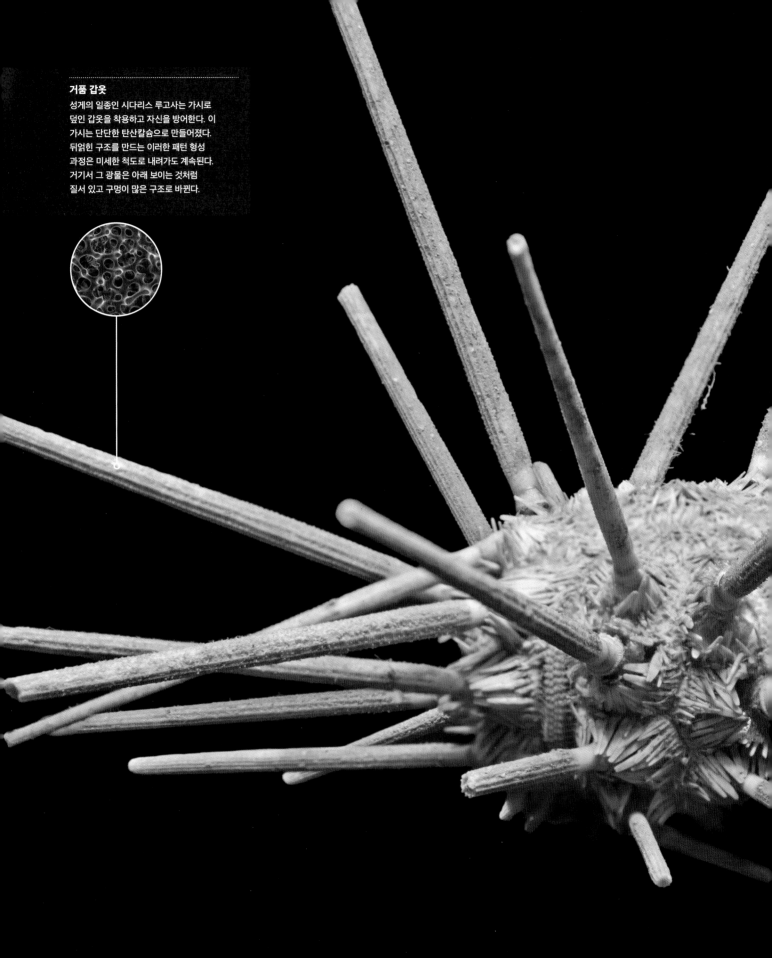

거품 갑옷

성게의 일종인 시다리스 루고사는 가시로
덮인 갑옷을 착용하고 자신을 방어한다. 이
가시는 단단한 탄산칼슘으로 만들어졌다.
뒤얽힌 구조를 만드는 이러한 패턴 형성
과정은 미세한 척도로 내려가도 계속된다.
거기서 그 광물은 아래 보이는 것처럼
질서 있고 구멍이 많은 구조로 바뀐다.

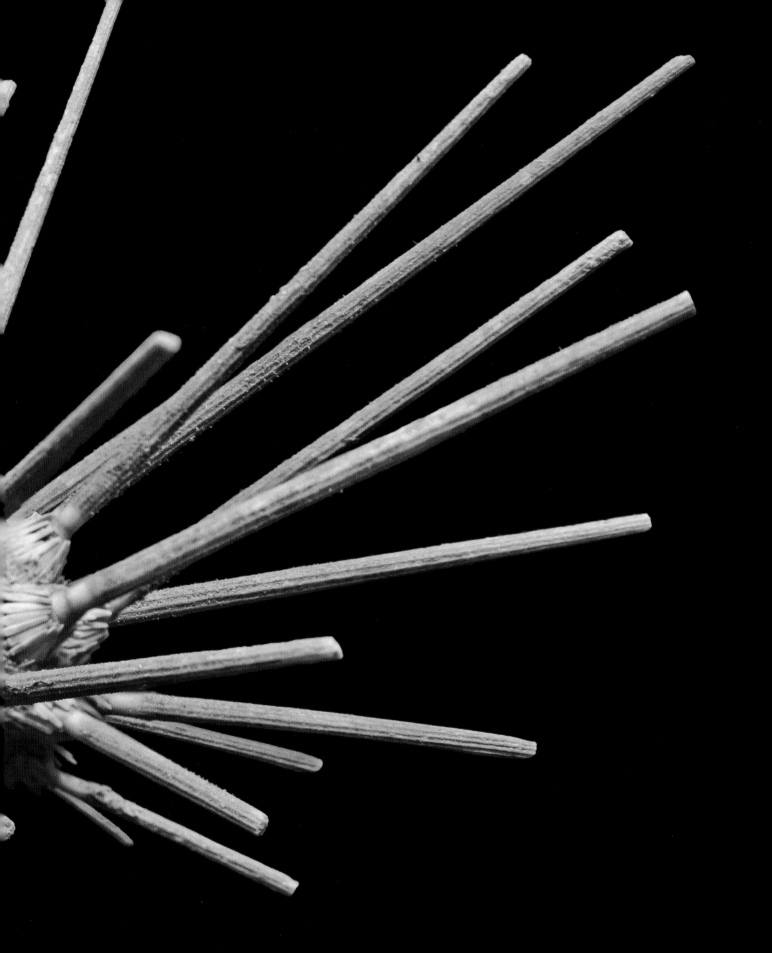

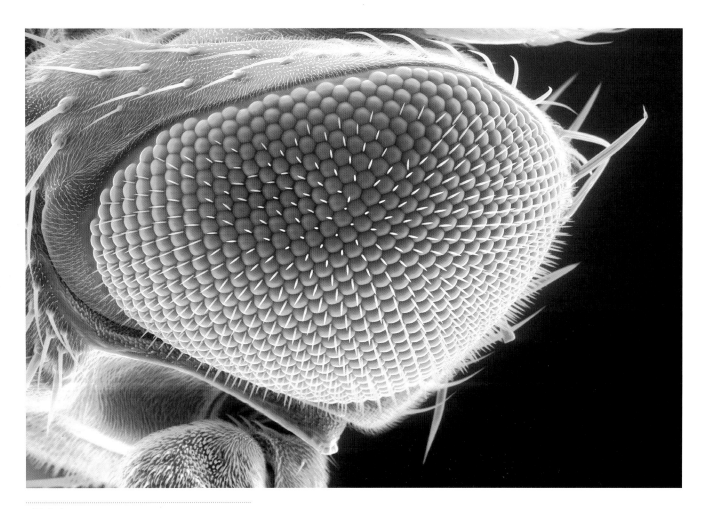

거품이 만든 눈

곤충의 겹눈은 거품 뗏목의 거품들처럼 6방 배열로 채워져 있다.
사실 각각의 낱눈은 뒤에 있는 길고 가는 망막 세포와 연결된
렌즈이지만 말이다. 생물 세포들이 뭉쳐서 형성된 구조들은 종종
거품과 똑같은 규칙으로 만들어지는 형태를 가진다. 가령 어느
점에서든 꼭 3개의 세포벽이 만난다. 파리 낱눈의 (여기 보이는 것
이상으로) 미세한 구조는 가장 좋은 예 중 하나이다. 각 낱눈은
4개의 감광 세포로 이루어진 하나의 세포 클러스터를 가진다.
이것들은 4개의 보통 거품들이 모여 있는 모양과 똑같다.

물방울 팬케이크

물이 소수성 표면에 떨어지면 물방울로 나뉜다. 이런 물방울들의 모양은
수평면으로 물방울을 평평하게 하는 중력, 물과 소수성 표면 사이 작용하는
힘, 그뿐만 아니라 물방울을 잡아당겨 구형에 가까운 모양을 만드는
표면 장력에 의해 결정된다. 만약 중력이나 물-표면 힘이 충분히 강하면
물방울은 잡아당겨져서 렌즈 모양의 팬케이크가 된다. 만약 표면의 소수성이
충분하지 않으면 물방울은 매끄럽고 평평한 필름처럼 퍼지게 될 것이다.

고대의 철학자들은 세계를 신이 간단한 수학 법칙에 따라 지은, 근본적으로 기하학적인 세계라고 생각했다. 이것은 이해할 수 있는 가정이다. 질서정연한 모양을 가진 광물 결정을 생각한다면 말이다. 광부와 탐험가는 지하 동굴에서 기하학적인 우주, 즉 자연을 둘러싼 모든 것이 찬란하게 빛나는 수학적 완벽성으로 짜여 있는 우주 안에 있는 자신을 발견하고는 한다. 이것은 물질에 새겨진 자연의 근본 질서에 대한 증거가 아닐까?

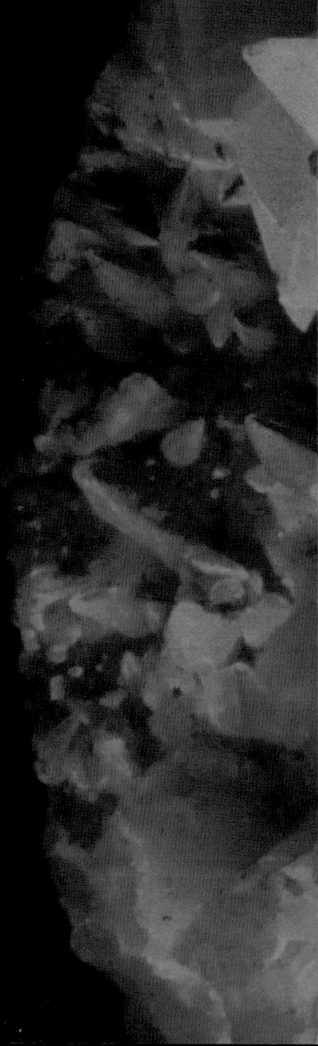

17세기 초 독일 천문학자 요하네스 케플러는 결정의 모양에 대해 신의 뜻보다 더욱 명확한 원인이 있는지 궁금해했다. 특히 왜 눈송이가 항상 6개의 꼭짓점을 갖는지 의문이었다. 그는 포탄을 빽빽하게 쌓으면 각각의 포탄이 육각형을 이루는 다른 포탄 6개로 둘러싸인다는 것을 알았다. 얼음 눈송이의 6겹 대칭성은 언 물의 '동그란 미세 입자'가 쌓인 결과가 아닐까?

케플러는 눈송이 문제의 핵심에 결코 이르지 못했다. 이후 그 일에는 4세기가 더 걸렸다. 하지만 결정이 규칙성을 갖는 이유에 대한 그의 직관은 옳았다. 18세기 프랑스의 사제이자 식물학자인 르네 쥐스 아위는 결정 모양이 정말로 구성 원자들의 배열로 정해진다고 생각했다. 1801년 광물학에 대한 그의 책(결정학을 창시한 교과서로 평가된다.)에서 아위는 어떻게 원자 쌓기가 마치 계단이 있는 고대 피라미드의 삼각형 면처럼 결정의 면을 만드는가를 보였다.

결정 모양은 흔히 결정 격자에서 반복되는 가장 작은 단위의 원자 배열 모양을 반영한다. 일반적인 소금(염화소듐)의 결정과 그 원자 배열은 정육면체이다. (현미경으로 탁자 위에 놓인 소금을 보면 알 수 있다.) 탄산칼슘의 광물인 방해석은 마름모 면을 가진다. 원자가 그렇게 정렬되어 있기 때문이다. 이런 결정 모양, 이른바 광물의 '성질'은 다양하고 아름답다. 우리가 보고 만지는 결정의 모양에는 그 결정을 구성하는 원자의 배열 패턴이 각인되어 있다고 할 수 있는 것이다.

결정의 구조는 그 대칭성에 따라 분류할 수 있다. 1장에서 살펴본 형태들처럼 말이다. 말하자면 외관의 변화 없이 회전하거나 반사될 수 있느냐로 결정을 분류할 수 있다. 사물을 반복 배열해 완벽한 배열을 만드는 방법은 몇 가지 없다. 이렇게 서로 구별되는 반복 배열 패턴을 '군(group)'이라고 한다. 가령 2차원 공간을 정사각형, 정육각형, 이등변 삼각형이 함께 있는 패턴으로 채우는 '타일 깔기'가 있다고 해 보자. 이 타일 깔기 패턴은 직사각형 타일로 2차원 공간을 채우는 것과는 다른 '군'이 된다. (수학 용어로 '벽지군'이라고 한다.) 대칭 조작이 달라지기 때문이다. 2차원 공간에 대해서는 이 '벽지군'이 정확히 17개 있는데 그중 다수는 고대부터 여러 문화권에서 벽과 마루의 장식 도안으로 사용되어 왔다.

결정은 원자들이 3차원으로 쌓인 것이다. 이 경우에 230개의 대칭군(공간군)이 있다. 즉 규칙적인 3차원 배열로 사물을 배치하는 230가지 다른 방법이 있는 것이다. 모든 결정은 이 공간군 중 하나에 속해야 한다. 그렇지 않으면 진짜 결정이라고 할 수 없다. 왜냐하면 반복 배열되는 요소로 구성될 수 없기 때문이다. (이것은 결정을 어떻게 정의하는가에 달려 있지만 말이다.)

금속처럼 가장 간단한 결정은 동일한 원자로 이루어진다. 모든 원자들이 크기가 같기 때문에 육각형 배열로 효율적으로 채워질 수 있다. 케플러의 포탄 더미처럼 말이다. 구를 가장 밀집해 쌓을 수 있는 이 방법을 '육방정(hexagonal close-packed)'이라고 한다. (1994년에야 증명된 사실이다.) 이때 구 사이에는 약 25퍼센트의 빈 공간이 생긴다. 철, 크롬, 텅스텐 같은 일부 금속은 그 대신 이른바 '체심 입방정(body-centered cubic lattice)' 결정 구조를 채택한다. 그것의 반복 단위는 정육면체 꼭짓점의 원자 8개와 가운데 원자 1개로 이루어진다. 포탄(구)을 이렇게 쌓으면 약 32퍼센트의 빈 공간이 생긴다. 다이아몬드의 탄소 원자들은 8개 원자들의 반복 패턴(다시 정육면체 모양을 가지는 패턴)으로 채워진다. 구의 경우 빈 공간이 약 66퍼센트에 이른다. 다른 여러 종류의 원자를 포함하는 결정은 원자 구조가 꽤 복잡할 수 있지만 반복 패턴은 여전히 230가지 공간군 중 하나여야 한다.

엑스선을 결정 구조에 쬐어 주면 규칙적인 배열

결정의 태피스트리
염화마그네슘의 결정에 편광을 쪼이면 이런 모습을 볼 수 있다.

1 성장하는 얼음
겨울에 창문에 맺힌 이 얼음 결정은 수지상 성장 과정을 거치며 아름답고 복잡한 가지들이 있는 모양으로 성장한다. 동일한 과정이 눈송이 모양을 만든다.

2 별 모양 얼음
눈송이는 육각 대칭성을 보여 준다. 이것은 얼음 결정을 만들 때 물 분자가 육각형으로 배열되는 것을 반영한다. 여기서는 맨눈으로 볼 수 있는 척도이다. 이 눈송이가 성장하는 과정에서 이국적인 패턴을 띠며 정교해진다.

의 원자와 분자에서 산란된 빛이 간섭해 점들로 된 패턴을 만든다. 여기서 원자들의 위치를 유추할 수 있다. 이 기술이 '엑스선 결정 분석법'이다. 20세기 초 처음 사용되어 간단한 광물의 결정 구조를 유추하는 데 쓰였고, 20세기 중반부터는 단백질 같은 복잡한 생물 분자의 원자 구조를 파악하는 데 쓰이기 시작했다. 과학자들은 이 기술로 생명 현상을 분자 수준에서 이해할 수 있게 되었다. 1953년에는 이 기술이 DNA로 이루어진 결정을 연구하는 데 이용되었다. 덕분에 이 중요한 분자가 그 유명한 '이중 나선' 구조임을 알게 되었다.

결정이 녹아 액체가 되면 원자 수준에서 질서를 잃는다. 규칙적인 반복 배열이 사라지는 것이다. 하지만 어떤 물질은 한 방향으로만 녹고 다른 방향으로는 정렬된 채로 있을 수 있다. 특히 긴 막대 모양의 어떤 분자들은 흐르는 액체 비슷한 상태를 형성하기도 한다. 비록 그 분자들은 대략 서로 나란하게 줄지어 있지만 말이다. 강물에 떠 있는 통나무와 조금 닮은 듯하다. 이 분자들이 액정이다. 어떤 액정에서는 정렬된 분자들이 일정한 간격의 층으로 쌓인다. 비록 주어진 층 안에서 분자들은 군중처럼 이리저리 움직이고 서로 밀치지만 말이다. 액정 분자들의 정렬은 산란된 편광을 인상적인 패턴으로 만들 수 있다. 그로부터 액정 속 분자들의 질서에 대해 유추하는 것이 가능해진다.

타일 깔기의 법칙과 그 변칙

결정 격자의 패턴은 특정한 대칭성을 '금지'하는 엄격한 기하학적 규칙에 따라 결정된다. 가령 17개의 2차원 벽지군의 경우 타일은 정사각형, 직사각형, 정육각형, 마름모, 정삼각형과 같은 대칭성을 가질 수 있다. 그리고 그 패턴을 대칭적으로 절반(마름모나 직사각형 타일), 4분의 1, 3분의 1, 6분의 1 회전시킬 수 있다. 5분의 1은 안 된다. 틈 없이 서로 완벽하게 맞아 떨어지면

서 5겹 대칭성이 있는 타일 모양은 없다. 오각형 타일을 가지고 평면을 빈틈 없이 완벽하게 깔 수 없다. 마찬가지로 6겹 대칭성 이상의 대칭성이 있는 타일들(7겹, 8겹 등)도 안 된다. 이것은 3차원 공간군에도 적용된다. 5겹 대칭성을 가진 단위로 규칙적인 3차원 틀을 만들 수 없다. 이것은 오각형에게 불공평해 보이지만 기하학적인 사실이다.

적어도 30년 전까지, 즉 결정질로 보이는 물질이 이런 '금지'된 대칭성 중 하나를 가진다는 사실을 발견하기 전까지, 그렇게 생각했다. 1984년 미국 연구자들이 알루미늄과 망간 화합물을 발견했는데 엑스선 결정 분석에 따르면 10겹 결정 대칭성을 가진 것처럼 보였다. 이물질에서 튀어 나온 엑스선은 같은 간격으로 떨어진 지점 열 군데에 고리를 만들었다. 그것은 기하학 법칙으로는 불가능한 10겹(또는 5겹) 대칭성이 있는 결정 격자인 듯 보였다. 어떻게 되었을까?

이 물질이 바로 최초의 '준결정'이다. 이후 10년 쯤 지나서 과학자들은 결정처럼 '정확히' 반복되지는 않지만 5겹(그리고 8겹, 10겹, 12겹) 대칭성이 있는 패턴으로 원자들을 배열할 수 있음을 깨달았다. 얼핏 보면 이 패턴들은 오각형과 유사한 격자가 있는 것처럼 보인다. 하지만 너무 자주 그 패턴이 살짝 벗어나서, 회전이나 이동으로 자기 자신과 정확히 겹치는 것이 불가능하다. 이처럼 완벽한 규칙성과 질서가 없음에도 이 패턴은 (원자들로 지어졌을 때) 충분히 질서정연해 엑스선을 쬐어 주면 밝은 점들로 이루어진 회절 무늬를 만든다. 국제 결정학 협회는 이제 결정의 정의를 넓혀서 준결정을 포함시켰다.

준결정을 이해하는 가장 쉬운 방법은 비록 실제 결정은 3차원이지만 다시 2차원 타일 깔기를 생각하는 것이다. 오각형으로 타일을 깔 수 없지만, 1970년대 수리 물리학자 로저 펜로즈가 발견한 한 쌍의 마름모

꿀 타일은 5겹 대칭성을 가지고 있고, 공간을 빈틈없이 채울 수 있다. 예를 들면 점 5개가 있는 별과 십각형이다. 이러한 타일 깔기는 결코 정확한 패턴을 반복하지 않지만 어느 타일 옆에 어느 타일이 놓일지에 대한 몇 개의 간단한 규칙만으로도 영원히 확장될 수 있다. 만약 각 타일(또는 3차원에서 동등한 마름모형)의 모서리에 원자를 놓는다고 하면 준결정의 원자 격자와 매우 유사해 보이는 배열이 된다.

기하학 법칙을 뒤트는 듯한 이런 패턴은 이미 수백년 전 이슬람 예술가들도 알고 있었다. 그들은 모자이크 타일 깔기의 복잡한 디자인을 연구했다. 그들은 우

상 숭배를 금지해 자연 형상 모사를 제한하는 종교적 규제와 이슬람 문명의 수학에 대한 깊은 관심을 바탕으로 이슬람 세계의 예배당, 사원, 궁궐 등에서 이러한 타일 깔기 패턴을 매우 세련된 예술로 발전시킬 수 있었다. 1453년에 만들어진 이란 이스파한 다르베 이맘 예배당의 벽면은 절대 반복되지 않는 패턴을 가진 펜로즈 타일 깔기와 거의 동일한 황홀한 패턴 디자인을 보여 준다. 이 타일 깔기 패턴은 펜로즈 타일 깔기에 사용되는 조립 규칙과 유사한(똑같지는 않다.), 엄격한 조립 규칙을 따라 '기리(girih)'라는 개념적인 기본 단위로 구성되었다.

광물 속 풍경
결정은 다양한 크기 척도에 걸쳐, 복잡한 구조와 패턴을 형성할 수 있다. 사진은 섬아연광(황화아연) 광물의 표본이다.

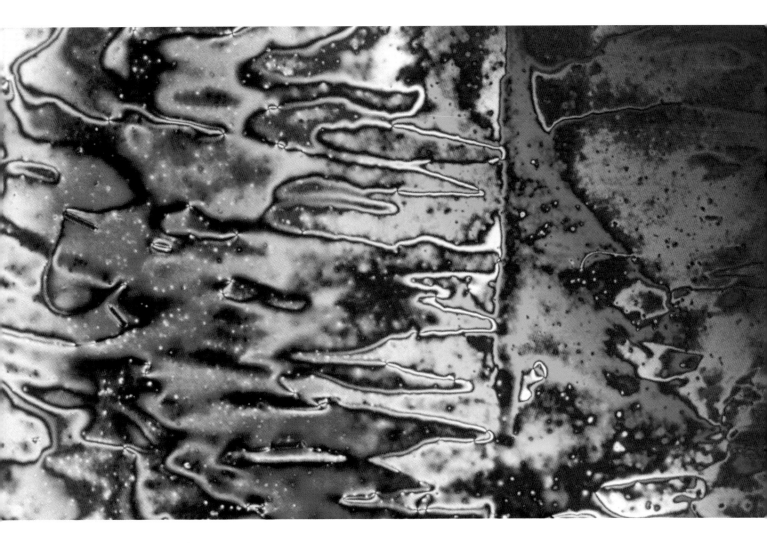

얼음꽃

눈송이는 결정이 가진 패턴 형성 잠재력을 풍성하게 보여 준다. 케플러가 눈송이에서 결정의 기하학적 규칙성의 바탕에 놓인 근본 이유를 추측할 동안, 그 질서 정연한 눈송이에서 극단적으로 변화무쌍한 모양들이 만들어져 나온다. 큰 틀에서는 육각 대칭 구조를 유지하며 온갖 각도로 작은 팔들이 뻗어나와 눈송이를 다채롭게 꾸민다. 본래 원자와 분자를 쌓으면 뭉툭한 면이 생기는 법인데, 왜 이런 얼음 결정들은 그렇게 섬세하고 장식적인 모양을 취하는 것일까?

어떤 눈송이는 다른 것보다 장식이 더 많다. 눈송이 사진에서 흔히 보는 다채로운 엽상체 같은 눈송이들은 보통 특별히 고른 것이라, 대부분의 눈송이는 이보다 덜 대칭적이고 장식도 적다. 정확한 기후 조건(기온과 습도)에 따라 육각형 판이나 프리즘 같은 단순한 모양을 가질 수 있다. 그래도 눈송이의 다양성과 복잡성은 놀랍고 아름답다. 동시에 왜 한 눈송이의 각 팔이 다른 팔들과 아주 세부적인 부분까지 닮았는지는 지금까지도 수수께끼이다.

전형적인 눈송이 팔은 60도의 '육각형 각도'로 바늘처럼 가는 얼음 결정을 뻗는다. 이 얼음 결정은 더 작은 얼음 바늘로 장식되어 있고 이 바늘 결정들 역

화학 정원

아이작 뉴턴은 금속과 광물이 "식물 영혼"을 가졌으리라 확신했다. 왜냐하면 그것이 성장해 만드는 구조가 결정보다는 식물과 더 닮았기 때문이었다. 뉴턴은 지금은 흔히 '화학 정원(chemical garden)'이라고 불리는 것으로 실험을 했다. (뉴턴 시대에는 모래 기름으로 알려진 규산포타슘의 용액에 침전된 금속염을 사용했다.) 이 염에서 이상한 촉수와 가지가 엽상체 모양으로 자란다. 왜냐하면 규산염이 질기지만 유연하고 물이 침투할 수 있는 껍질을 만들기 때문이다. 그것을 통과해서 염이 반복적으로 위쪽으로 분출한다. 결과적으로 묘하게 살아 있는 듯한 구조가 만들어진다. 꼭 외계에서 온 기괴하고 볼록한 뿌리채소처럼 생겼다. 몇몇 과학자들은 막에 싸인 이와 같은 복잡한 광물 구조는 따뜻하고 광물이 풍부한 심해 열수 분출공에 사는 지구의 원시 생명의 기원에 일조했을 것이라고 추측한다.

하버드 대학교의 한 연구팀은 특히 화학 정원에서 꽃을 만드는 방법을 고안했다. 그들은 결정을 물유리(진한 규산소듐 수용액)에 침전시켜 만들 때 산성도와 용액에 용해된 이산화탄소 농도를 조절했다. 이 결과 꽃이나 산호처럼 생긴 결정이 만들어진다. 이것은 현미경으로 봐야 보인다. 화학 정원이 정말 이름값을 하는 것이다. 또 결정도 기하학의 굴레를 벗어나 생생하고 방해받지 않는 예술성이 있는 패턴을 만들 수 있음을 보여 준다.

시 60도의 각도를 이룬다. 왜 이렇게 가지를 치는 것일까? 왜 육각형일까?

정교함과 아름다움의 측면에서 눈송이에 비길 만한 결정은 없다. 그렇다고 눈송이의 결정 구조와 비슷한 것을 다른 물질에서 볼 수 없는 것은 아니다. 어떤 금속은 녹았다가 빠르게 굳을 때 크리스마스트리 같은 팔을 만든다. 이런 현상을 '수지상 성장'이라고 한다. 수지상 성장은 성장 불안정성의 한 예이다. 성장 불안정성이란 기본적으로 모양이나 패턴이 성장할 때 무언가가 통제 없이 발산하는 것을 뜻한다. 2장에서 무작위로 떠다니는 입자가 달라붙어 응집하는 과정이 어떻게 가느다란 프랙탈 형태를 만드는지 살펴보았다. 우연히 생긴 융기는 단지 더 많이 노출되었다는 이유만으로 나머지 부분보다 더 빨리 성장한다. 그래서 표면에서 무작위성은 빠르게 증폭되고 덩어리는 기괴하고 덩굴손 같은 형태를 주위로 뻗으며 커진다.

비슷한 일이 액체가 어는 동안 일어난다. 이 경우에는 무작위로 생긴 융기가 그 주변의 표면보다 더 빨리 성장한다. 왜냐하면 융기가 열을 더 잘 발산해서 더 많은 결정이 자랄 수 있기 때문이다. 그러나 이것만으론 눈송이는 지저분한 프랙탈이 될 뿐이다. 육각형 질서는 어디서 온 것일까? 이것은 육각형 고리로 연결된 물 분자로 이뤄진 얼음 자체의 결정 구조에서 나온다. 이 결정 구조가 미세한 육각형 격자를 이뤄 가지가 자라는 방향을 결정하고 여기에 분기 불안정성이 작용해 육각형 꼭짓점에 팔을 가진 눈송이 구조가 나오는 것이다. 다른 각도보다 육각형 각도를 이루는 곳에 팔이 더 빠르게 자란다. 무작위적인 분지 작용과 질서를 내재한 격자의 조합이 눈송이의 정교한 복잡성을 만든다. 혼돈의 가장자리에서 균형을 유지하면서 기온과 습도의 아주 작은 변화에도 민감하게 반응하면서 말이다. 이 민감한 반응성이 눈송이를 모두 다르게 만든다. 이것 역시 또 하나의 변주곡이다. 이 변주는 끝없이 이어진다. 마치 자연에 창조성이 내재되어 있음을 우리에게 확신시키려고 하듯이 말이다.

결정의 꽃
금속염 용액에 탄산바륨과 실리카를 침전시켜 성장 조건(온도, 산성도, 기체 용해도)을 조심스럽게 조절하면 이렇게 다양한 모양의 장식적 결정을 만들 수 있다. 줄기, 꽃병, 산호처럼 기본 형태가 형성된다. 성장이 이루어지는 동안 조건을 바꾸어 주면 결정을 꽃 모양으로 바꿀 수 있다. 여기서 보는 색은 '식물' 느낌을 더하기 위해서 인위적으로 덧칠한 것이다.

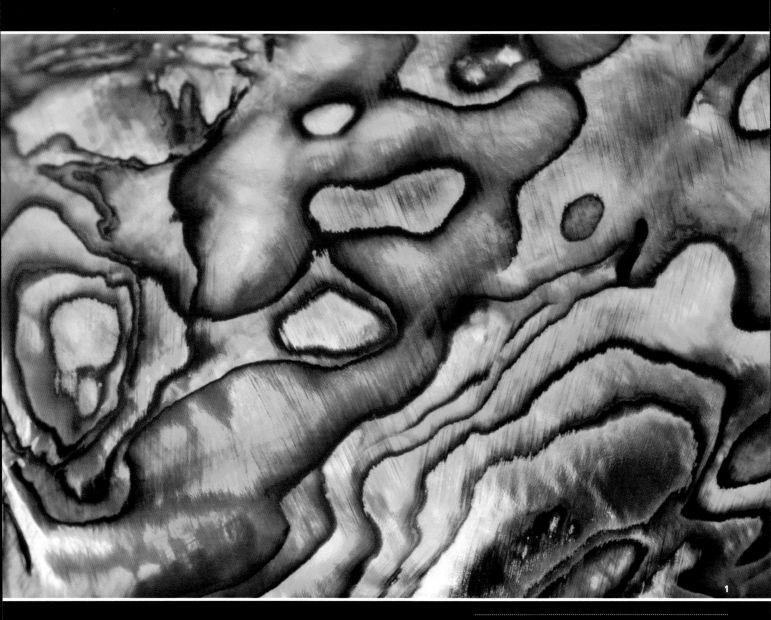

1

빛의 간섭이 만든 무늬

뉴질랜드에 서식하는 전복의 일종인 파우아조개의 껍데기에서
볼 수 있는 복잡한 층상 결정(1)의 색깔과 액정 조직(2)의 색깔은
빛의 간섭 효과가 만드는 것이다. 이것으로 재료의 미세 구조를
유추할 수 있다. 조개 껍데기에서 단단한 광물의 계단식 테라스
같은 층상 구조를 볼 수 있다. 이것은 부드러운 유기 조직이
껍데기가 성장하는 동안 구성한 것이다. 반면 액정은 막대기
모양의 분자들이 함께 같은 방향으로 정렬해 채워진 것이다.

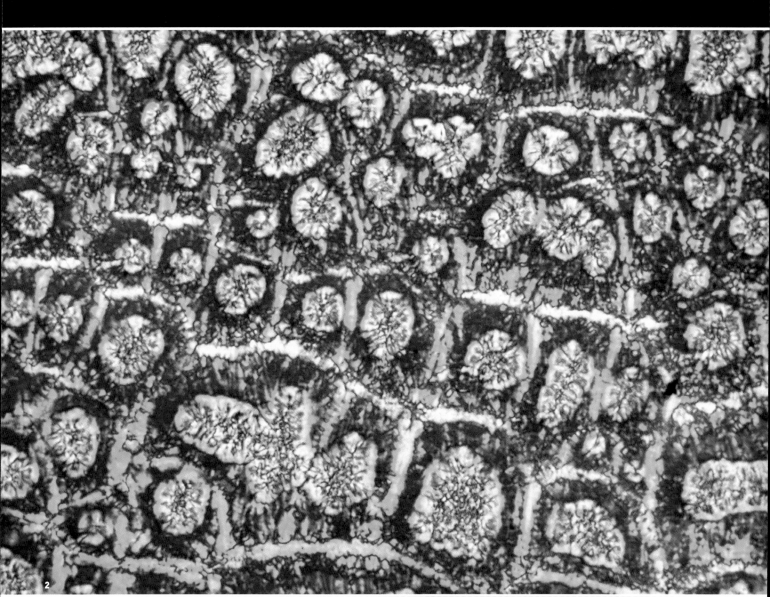

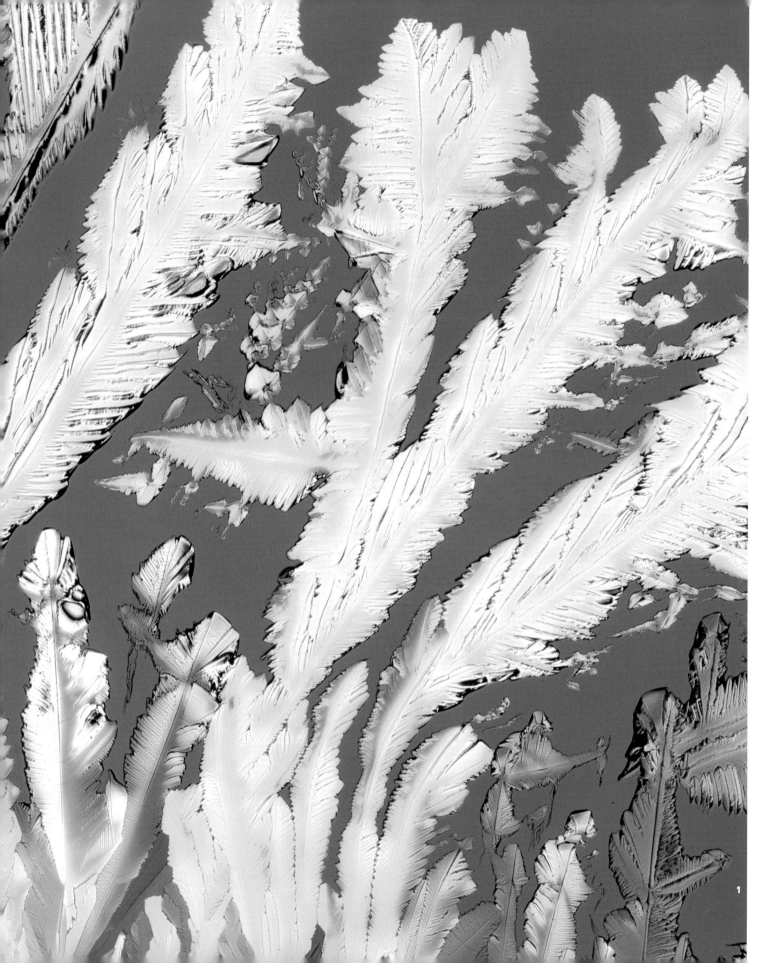

결정의 나무

사진은 수지상 결정(나뭇가지 모양의 결정)이다. 마그네슘 구연산염(1)과 얼음(2)에서 결정이 성장하면 바늘같이 뽀족한 모양이 생기고 그 옆에 더 작은 가지가 연속적으로 더 작은 척도에서 생기며 전체 가지 구조를 장식하게 된다. 이 과정은 고체화되는 결정 표면에 아주 작은 융기가 우연히 생기고 증폭되고 뽀족해지는 것이다. 이 과정은 융기 부분이 다른 부분에 비해 숨은열(잠열)을 더 빨리 발산하고 더 빨리 결정화되기 때문에 일어난다. 그다음으로 무작위에서 패턴을 만드는 또 다른 되먹임 과정이 작용한다. 이 경우 질서가 얼마나 있는지는 그 바탕을 이루는 결정의 원자 구조가 얼마나 질서정연한지에 따라 결정된다.

우연과 운명의 조합

평평한 표면 위에 얼음이 정교한 수지상 패턴을 그리고 있다. 이것은
우연과 운명의 조합이 만든 것이다. 일반적으로 결정은 분지 구조를
반복적으로 만든다. 그러나 어떤 개별 결정은 고체 표면에 달라붙은
불순물이나 우연히 생긴 미세한 홈에서 싹을 틔우기도 한다. 예를
들어 유리에 생긴 보이지 않는 흠집을 따라 결정이 성장하기도 한다.

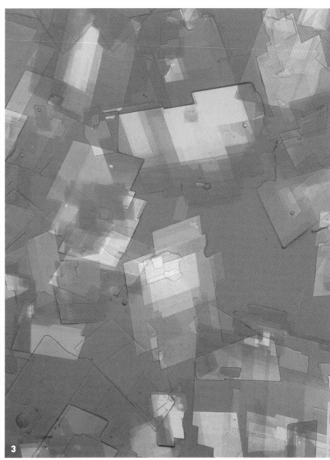

결정의 무지개

일부 결정, 특히 비타민과 아미노산 같은 유기 화합물의
결정은 복굴절이라 불리는 성질을 가진다. 이것은
그것을 통과하는 광선이 둘로 나뉠 수 있음을 뜻한다.
이 두 광선은 서로 간섭을 일으킬 수 있으며 편광된
빛으로 결정을 비추면 가시 영역에서 특정 색을 띨 수도
있다. 이 화려한 색상은 그 결정이 성장하면서 형성된
모양과 구조를 드러낸다. 사진의 결정은 마그네슘
구연산염(1), 비타민 C(2), 콜레스테롤(3)이다.

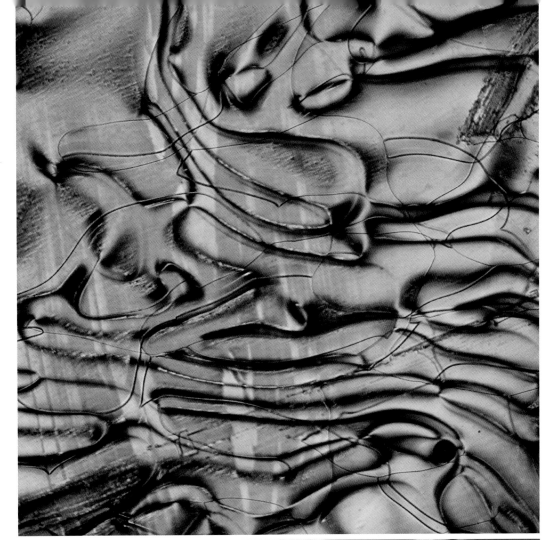

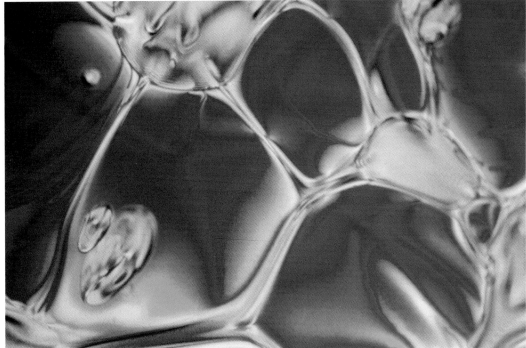

분자 간 만남
편광된 빛의 간섭으로 드러난
액정 조직은 놀랍도록 다양하다.
이러한 패턴을 갖는 구조의
일부는 이른바 '결함'에서 왔다.
그것은 분자를 쌓는 정렬에
불규칙성이 있는 것이다.
가령 나란히 놓인 분자들의
경계가 서로 다른 방향으로
기울거나(마치 머리 가르마처럼)
서로 다른 방향으로 뻗어
나가는 분자들이 한 점에
수렴하는 특이점(정수리, 지구
자기극 등)에서 그렇다.

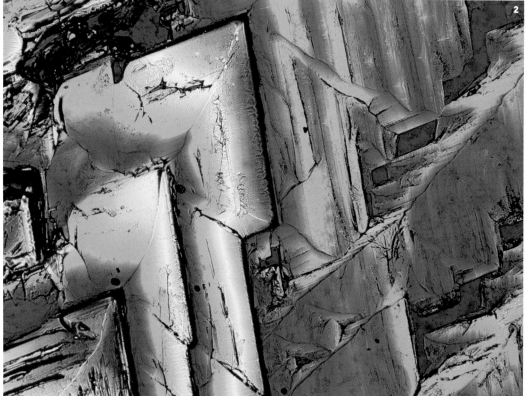

1, 2 결정의 여러 면

결정의 모양은 종종 그것을 구성하는 원자와 분자의 쌓기 배열의 대칭성을 반영한다. 따라서 일반적인 소금의 정사각형 결정 모양(1)은 소듐과 염소 이온의 입방체 배열에 기인한다. 마찬가지로 마그네슘 황산염 결정(2)에서는 마름모꼴 단면이 나타난다.

3 구조의 변화

사진의 황산구리 결정(밝은 푸른색 덩어리)은 바늘처럼 생긴 흰색 결정으로 장식되어 있다. 이 결정 또한 황산구리지만 푸른색 혼합물로 만들어 줄 물 분자가 없어 모양 다른 두 결정이 구분되어 보인다. 이 하얀 형태가 더 빠르게 다른 모양으로 자란다.

3

  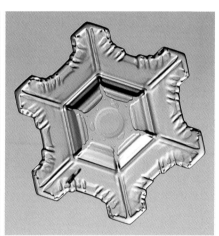

육각 대칭 구조

눈송이는 육각형이라는 주제를 가지고 수많은 변주를
만들어 낸다. 이 패턴의 가지처럼 뻗은 팔들과 육각
대칭 구조는 이제 잘 이해되고 있지만 아직 수수께끼가
남아 있다. 바로 얼음 결정이 평평한 판 모양으로 자라는
이유(기온과 습도가 다른 조건에서는 다른 모양도 가능하다.)와
모든 가지와 팔이 서로 거의 똑같이 생긴 이유이다.
그러나 모든 눈송이가 완벽하게 대칭인 것은 아니다.

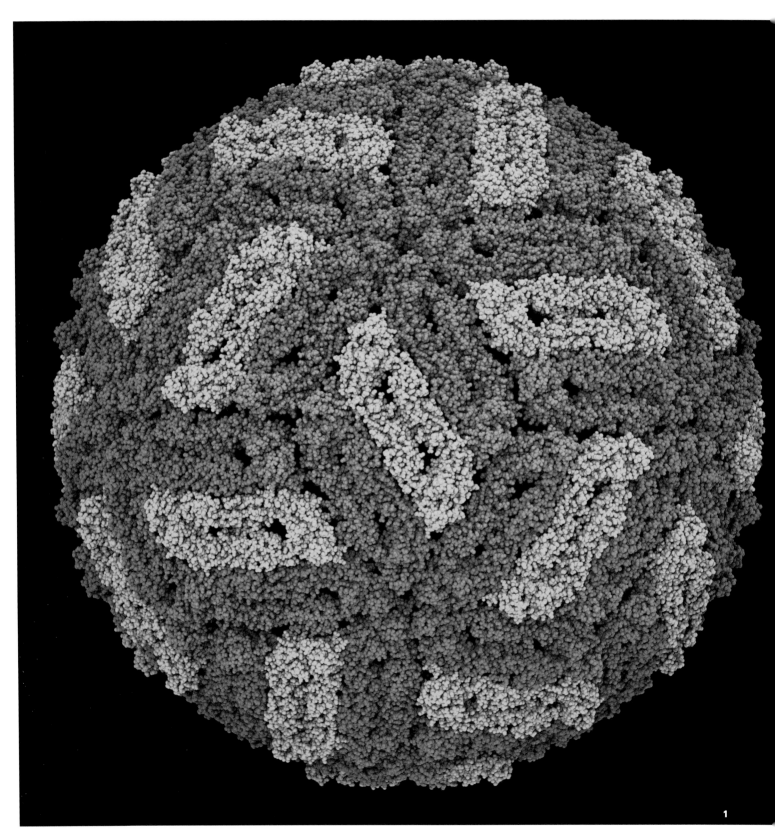

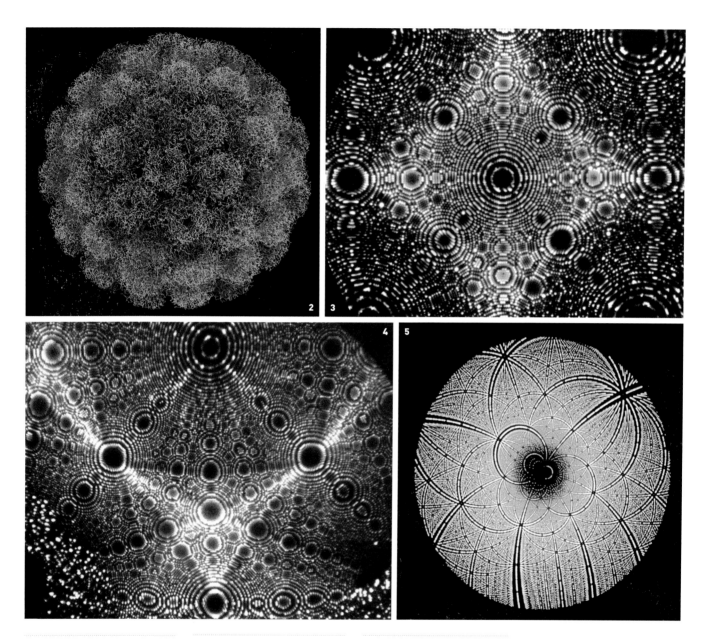

1, 2 바이러스의 대칭성

심지어 일부 생물학적인 물체들도 분자
수준에서 결정과 같은 질서가 있다.
웨스트 나일 바이러스(1)와 SV40(2)
같은 바이러스가 특히 좋은 예이다.
이것들은 캡시드(capsid)라는 껍질 안에
채워진 단백질 분자들로 구성되는데
그 안에는 유전 물질이 들어 있다.
캡시드는 보통 5겹 대칭성을 보여 준다.

3, 4 원자 수준 질서

결정의 원자 수준 질서는 전계 방출
현미경과 전계 이온 현미경 기술 덕분에
처음으로 직접 볼 수 있게 되었다.
각 밝은 점은 정교한 팁의 표면에
있는 원자 1개에 대응된다. 사진의
금속은 이리듐(3)과 백금(4)이다.

5 엑스선 계시

원자 수준으로 결정의 구조를 알아내는
가장 일반적인 방법은 엑스선 회절법이다.
결정의 서로 다른 층에서 반사된 엑스선의
간섭이 일련의 밝은 점들을 만들고 이것은
(원래는 인화지에) 기록된다. 이렇게
기록된 회절 무늬를 수학적으로 해독하면
원자의 배열과 위치를 알 수 있다. 이
기술은 100년 전에 개발되었고, 현재
효소와 같은 복잡한 생물학 분자들의
구조를 알아내는 데 이용되고 있다.

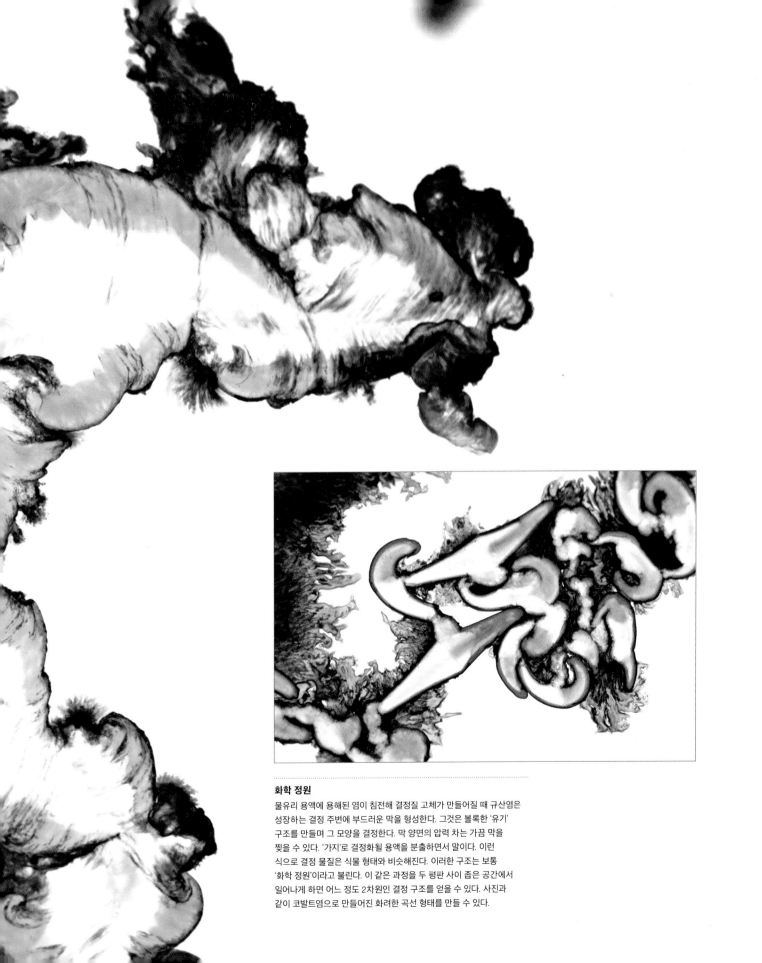

화학 정원

물유리 용액에 용해된 염이 침전해 결정질 고체가 만들어질 때 규산염은
성장하는 결정 주변에 부드러운 막을 형성한다. 그것은 볼록한 '유기'
구조를 만들며 그 모양을 결정한다. 막 양면의 압력 차는 가끔 막을
찢을 수 있다. '가지'로 결정화될 용액을 분출하면서 말이다. 이런
식으로 결정 물질은 식물 형태와 비슷해진다. 이러한 구조는 보통
'화학 정원'이라고 불린다. 이 같은 과정을 두 평판 사이 좁은 공간에서
일어나게 하면 어느 정도 2차원인 결정 구조를 얻을 수 있다. 사진과
같이 코발트염으로 만들어진 화려한 곡선 형태를 만들 수 있다.

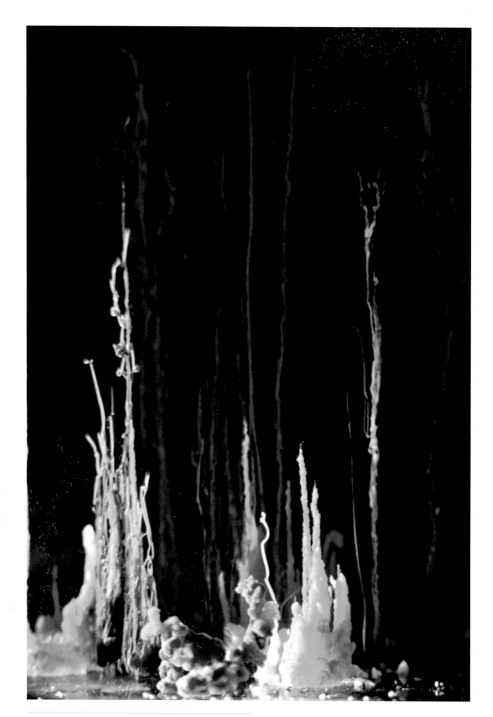

광물 필라멘트

여기에서 보는 것은 198쪽에서 설명했던 화학 정원에서
만들어지는 섬세한 결정 구조의 일부이다. 여러 다른
종류의 결정질 염이 이 정원에서 자라고 있다. (모두가
보이는 것은 아니다.) 각각은 고유의 색이 있다. 질산구리
밝은 푸른색, 염화코발트 어두운 푸른색, 황산철암모늄
갈색, 질산마그네슘 흰색, 황산철 초록색.

1, 2, 3 결정의 동굴
용해된 염이 풍부한 따뜻한 액체가 식으면서,
광물이 지하에서 천천히 성장할 때 결정은 거대한
크기로 성장할 수 있다. 여기 멕시코 나이카 광산의
셀레나이트(석고의 일종) 기둥처럼 말이다.

4 바늘 모양 결정
사진은 프랑스의 동굴에서 천천히 성장하는 탄산칼슘의
침상 결정이다. 이와 같은 결정의 모양은 구성 원자와 이온의
정확한 배치에 의존한다. 무엇보다 이렇게 크고 완전한
결정으로 발전하기 위해서는 그 성장이 매우 느려야만 한다.

8장 | 균열

시간이 물체를 쪼개고 거인이
계단을 만드는 방법

파손과 붕괴는 질서와 조직에 정반대되는 것처럼 생각된다. 하지만 놀랍게도 그것
역시 다양한 패턴과 구조를 만들 수 있다. 어떤 경우에는 그렇게 보이지 않는다. 가령
균열은 다듬어지지 않은 혼란을 나타내는 들쭉날쭉 무질서한 모습을 보인다. 그러나
이런 형태조차도 여러 다른 상황에서 되풀이되고 있기에 그것이 자연 법칙의 보편적인
결과이며 보다 깊은 디자인의 흔적인지 살펴보아야 한다. 또 도자기 유약이나 오래된
유화의 균열 패턴에는 거품, 거미줄, 주름살과 비슷한 종류의 기하학이 있다. 심지어
미학적 즐거움마저 선사한다. 균열은 성가신 것이 아니라 창의성의 원천이다.

쾅! 하늘에서 번개가 갈라지면서 내려온다. 쾅! 지진으로 땅이 갈라진다. 쨍그랑! 사기 주전자가 바닥에 떨어진다. 이 모든 사건이 비슷한 모양을 만든다. 깨지고, 갈라지고, 부서진다. 우연일까? 물론 아니다! 전형적인 '파괴의 기하학'이다. 부서지고, 쪼개지고, 금이 가는 데서 나뭇가지 모양으로 갈라지는 균열이 생기고, 가지 끝은 더 많은 가지로 갈라져 또 다른 자연 프랙탈을 만든다. 이런 패턴을 보도블록의 균열뿐만 아니라 하천의 연결망(강의 상류에서 흘러내려온 물이 풍경을 침식하면서 만드는 '느린 균열'이리라.)에서 볼 수 있다.

이 장엄한 물줄기는 대지를 기르고, 산을 깎고, 문명을 키우고, 그 복잡성으로 우리를 놀라게 한다. 그 모양과 혈액을 우리 몸 곳곳으로 운반하는 혈관계 모양의 유사성은 오래전부터 알려졌다. 고대 중국과 르네상스 시대 유럽에서 강은 '대지의 피'라고 여겨졌다. 그것은 단지 피상적이고 잘못된 전(前)과학적 유추가 아니다. 현대 과학은 이런 외관상의 유사성이 우연의 일치 이상임을 보여 준다.

최소 작용의 법칙

사실 하늘 높이 떠올랐다가 다시 잔디밭으로 떨어지는 골프공의 간단한 포물선에 대한 설명과 하천계 또는 혈관계 연결망의 모양에 대한 설명은 크게 다르지 않다. 하지만 여러분은 이렇게 물을지도 모른다. 산비탈을 깎아 내리는 물의 들쑥날쑥한 궤적과 허공을 나는 공이 그리는 부드럽고 우아한 곡선이 어떤 공통점이 있다고?

둘 다 중력으로 움직이는 물체이다. 골프공의 운동은 속도와 가속도와 힘과 관련된 뉴턴의 역학 법칙으로 설명할 수 있다. 뉴턴의 법칙을 이용하면 포물선을 예측할 수 있다. 그리고 또 다른 계산 방법이 있다. 작용이라는 물리량을 써서 이 모양을 설명하는 것인데, 이것은 공의 에너지에 의존한다. 다음으로 이 작용이라는 물리량을 가장 작게 만드는 경로가 무엇인지 알아내야 한다. 경로는 어떻게 보면 '노력' 같은 개념과 비슷하다. 상점에 가는 데 당신은 어떤 경로를 택할 것인가? 아마도 노력이 가장 적게 드는 경로이리라. 공은 어떤 경로를 택할까? 바로 작용이 최소가 되는 경로를 택한다.

낙하하는 공의 포물선을 정의하는 '최소 작용의 법칙'이 있듯이 '최소 무언가의 법칙'이 있다. 그것이 산비탈에서 내려오는 물의 경로를 정의한다. 이 '무언가'는 물이 처음 산비탈의 높은 곳에 있을 때 가진 중력 에너지가 소모되어 흩어지는 비율이다. 이 법칙은 하천 유역의 프랙탈 연결망과 유사한 물 흐름의 궤적을 만든다. 그런데 물은 어떻게 어떤 연결망 모양이 에너지 손실 비율을 최소화하는지 '아는' 것일까? 물론 물은 답을 모른다. 물은 무심하게 울퉁불퉁한 표면에서 떨어지고, 가장 가파른 기울기로 흐르고, 이 흐름이 충분히 빠르면 일부 지층을 깎아 낼 뿐이다. 그리고 우리는 흐름의 패턴이 자발적으로 '최소화 연결망'으로 발전하는 것을 발견하게 된다. 흐름의 작은 부분이 각각 어떻게 행동하는지 기술하는 간단한 '국소' 규칙으로부터 웅대한 디자인이 창발되어 나온다. 바로 양쯔 강, 아마존 강, 라인 강이 이렇게 만들어졌다. 하천 고유의 망상 구조에서 치솟는 봉우리, 급경사 절벽, 날카로운 계곡까지 이 모든 것이 단 하나의 간단한 생성 원리로부터 만들어진다.

번개와 하천과 해안선의 공통점

산을 침식하는 강과 해안선을 침식하는 바다 사이에 큰 차이는 없다. 두 경우 모두 물 운동의 에너지는 바위를 타격하고 연마하며, 작은 입자를 부수고 운반해 특정 모양을 조각한다. 또 두 경우 모두 무작위성과 되

살아 움직이는 지구
균열은 전형적으로 가장자리가
들쭉날쭉하다. 어떤 것은
프랙탈 단면을 가지기도
한다. 하지만 그것에는 역시
특정한 방향이 있는데, 여기서
또다시 친숙한 우연과 운명의
균형을 만나게 된다.

수많은 빙정이 깨어진
유리처럼 쌓여 꽁꽁이 얼음
사이를 수놓다.

먹임의 조합은 처음에는 균일했던 것을 얼룩덜룩하고, 고르지 않고, 프랙탈 구조가 있는 것으로 바꾼다.

해안선은 프랙탈 패턴을 이야기할 때 꼭 언급되는 특별한 대상이다. 브누아 망델브로가 자기 유사성 개념을 떠올린 자연 형태 중 하나이기 때문이다. 그리고 최근에서야 해안이 어떻게 모양을 갖추었는지에 대한 훌륭한 이론이 만들어졌다.

프랙탈 형태가 아닌 임의의 해안선을 생각해 보자. 이 해안선에서 바위 형태(침식에 대한 저항을 뜻한다.)는 장소마다 임의로 변한다. 바위가 물에 천천히 녹는, 어느 정도 점진적이고 일정한 침식도 있고, 폭풍 때문에 일어나는 빠르고 산발적인 침식도 있다.

이런 조건에서 해안의 모양은 어떻게 발전하게 될까? 임의의 해안선은 점점 더 불규칙한 프랙탈이 되고, 작은 웅덩이가 파여 큰 만이 된다. 반면 작은 돌출부는 튀어나온 지형인 곶으로 발전한다. 해안의 일부분이 얼마나 제거되는지는 부분적으로 바위가 얼마나 강한가와 침식에 얼마나 노출되는가에 달려 있다. 마찬가지로 해안선의 모양이 그것을 만드는 해양의 힘에 되먹임을 준다. 더 복잡해질수록 파도를 방해하고 감쇠시켜서 침식을 늦춘다. 이렇게 다양한 효과들이 복잡하게 상호 작용해 섬, 협만, 반도 같은 지형지물들이 나오게 된다.

이런 지질학적인 침식 과정은 수십, 수백, 수천 년에 걸쳐 일어난다. 그것은 창문이 깨지거나 어두운 여름 하늘에 번쩍이는 번개가 칠 때처럼, 눈 깜짝할 사이에 일어나는 일종의 균열과 어떤 공통점이 있을까? 확실하지는 않지만 그 패턴은 그런 유사성을 주장하는 것처럼 보인다. 왜냐하면 이런 침식이 번개나 하천망처럼 프랙탈 형태를 취하기 때문이다.

고압 전기가 관통해 물체가 쪼개지는 것을 '절연 파괴'라고 한다. 절연 파괴가 남긴 균열 패턴은 그것을 일으키는 불꽃 방전의 정지된 복제 같다. 이런 종류의 절연 파괴 현상을 처음으로 조사한 독일 과학자 이름을 따서 '리히텐베르크 무늬(Lichtenberg figure)'라고 부른다. 투명한 3차원 플라스틱 덩어리에 남겨진 그 무늬는 마치 메마른 나무나 환상적인 해조류 같다. 여기에 번개와 균열의 진짜 결합이 있다. 바로 전기가 쪼갠 물질이 프랙탈 파괴의 풍부한 기록이 되는 것이다. 우리는 그것을 설명할 수 있을까?

전하를 띤 입자들의 뭉치를 판의 중심에 두고 하전 입자가 서로 반발하면서 가장자리로 흘러가도록 해 두었다고 상상해 보자. 전류는 어떤 경로를 택할까? 산비탈의 물처럼 가장 가파른 기울기를 찾는다. 요컨대 전기장이 가장 강한 부분, 전기를 띤 영역의 가장자리에서 전기가 방전될 것이다. 그리고 그런 장소는 가장자리가 날카롭다. 대개 튀어나온 데거나 가지의 말단이다. 이것이 바로 건물의 피뢰침이 못처럼 뾰족한 이유이다.

방전 불꽃의 끄트머리는 무작위성으로 복잡해진다. 작은 기회만 주어져도 전기장, 또는 재료 구조 안의 요동이 새로운 돌출부를 만든다. 그 결과 새로운 끄트머리가 솟아난다. 따라서 끄트머리는 전진하면서 갈라지고 그 결과는 나무 같은 수지상 패턴을 그린다. 대기 조건에 따라 번갯불에서 일어나는 이런 섬세한 과정이 전기로 만들어진 인상적인 하천 모양을 만들어 낸다.

이 절연 파괴에 대한 설명은 조금만 수정하면 균열을 설명하는 데 쓸 수 있다. 그 경우에는 방전 불꽃의 경로 대신 물질이 파괴되며 생기는 균열의 경로를 생각해야 한다. 다시금 파손은 균열의 끄트머리에서 일어날 가능성이 제일 높다. 왜냐하면 이 경우에 응력

은 끄트머리에서 가장 강하기 때문이다. 그리고 다시 한번 무작위성(재료의 강성 변화, 말하자면 미리 있었던 작은 균열과 흠)이 끄트머리의 쪼개짐과 나뭇가지 모양의 패턴을 유도하는 것이다.

균열의 기하학

건기가 되어 토양이 바싹 마르면 토양 입자 사이의 물이 증발하면서 지면이 수축한다. 이것은 건조한 표면 층이 아직 수분을 머금은 아래 층보다 더 수축하려는 것을 의미한다. 지면은 전체적으로 팽팽하게 잡아당겨진다. 그리고 곧 균열이 발생한다. 한 군데에서만이 아니라 균열이 상호 연결된 그물을 형성하며 고립된 섬들로 지면을 쪼개게 된다.

가뭄 하면 금방 머릿속에 떠오르는 이런 패턴은 익숙하고 아름답다. 그러나 절연 파괴의 프랙탈 연결망이나 하천망과도 매우 다르다. 섬들은 대개 다각형 모양을 하지만 그 변이 곧을 때도 있고 덜 매끄럽거나 구불거릴 때도 있다. 균열선은 다소 정확히 교차하는데 보통 비교적 큰 각도인 60~90도를 이룬다. 이러한 패턴에도 보편성이 있다. 우리는 비슷한 패턴을 도자기에서도 볼 수 있다. 이 패턴을 만드는 메커니즘은 거의 같다. 도자기 균열 패턴은 유약이 식을 때 생긴다. 도자기 장인 중에는 이 과정을 조절해 의도적으로 균열 무늬를 만드는 이도 있다.

이 균열의 기하학을 지배하는 것이 '최소화의 규칙'이다. 즉 균열은 수축하는 층의 응력을 가능한 한 효과적으로 해소하는 경로를 취할 것이다. 도자기의 경우에는 유약의 균열이 직각으로 만날 때 응력을 해소하는 작용이 최소화된다. 비록 하나의 균열은 다른 균열에 접근할 때 반드시 구부러져야 하지만 말이다.

응력을 해소하는 균열 연결망은 다른 곳에서도 볼 수 있다. 바로 스코틀랜드의 핑걸 동굴, 북아일랜드

미국의 데스밸리
바짝 마른 호수의 바닥에 있던 진흙이 마르고 그 미세 입자 사이의 물이 사라지면서 크기가 줄어들 때, 응력이 쌓여 균열로 이어지게 된다. 그 패턴은 질서와 무질서의 섬세한 균형이라고 할 수 있다. 균열은 들쭉날쭉할 수 있지만 그 마른 층을 대충 똑같은 크기의 섬들로 나눈다. 그 섬들은 대략 다각형 모양인 것을 흔히 볼 수 있다. 이 패턴은 수축하는 물질에서 응력 해소에 가장 효율적인 전형적인 패턴인 것이다.

의 자이언츠 코즈웨이, 미국 캘리포니아 주 데블스 포스트파일에서 발견되는 주상절리의 육각 바위 기둥이 좋은 예이다. 이렇게 질서 있고 기하학적이고 설계된 듯한 구조는 수 세기 동안 과학자들과 철학자들을 당혹스럽게 했다. 물론 벌집을 신의 창조물로 여긴 초기의 과학자들과 박물학자들은 나름의 방식으로 이해했을 것이다. 핑걸 동굴은 전설에 따르면 아일랜드와 스코틀랜드를 잇는 바윗길의 일부였다. 아일랜드의 거인이 자신의 적수인 스코틀랜드 거인과 싸우기 위해 지었다고 한다. 전해지기를 이 다리는 카운티 앤트림에서 시작했는데 오늘날 자이언츠 코즈웨이는 이 바윗길의 아일랜드 쪽 입구였다고 한다.

이런 기하학적 구조는 대략 6000만 년 전에 지표로 분출한 화산암이 굳으면서 만들어졌다. 용암의 냉각과 수축에서 생기는 응력이 이렇게 질서정연한 패턴을 만들었다는 것이다. 이 현상은 오랫동안 과학자들을 어리둥절케 했다. 여기서 핵심은 자연이 실험하고 균열의 배치를 조정해서 '최선의' (그리고 가장 질서정연한) 답을 찾는 데 시간이 걸린다는 것이다. 균열은 처음에 냉각되는 바위 표면에 나타난다. 왜냐하면 열이 가장 빠르게 빠져나가고 용융 물질이 굳기 시작하기 때문이다. 먼저 굳은 층에 쌓인 응력은 처음에는 무작위적으로 일어나는 파괴로 해소된다. 그 연결망

거인의 비밀 통로

스코틀랜드 스테파 섬의 핑걸 동굴에서 균열 연결망은 현무암이 식고 굳은 층을 따라 아래 방향으로 자라는데 매우 규칙적이고 기하학적이다. 그래서 바위를 전형적으로 6개의 변과 대략 육각형의 단면이 있는 프리즘 모양의 기둥으로 나눈다.

"응력을 해소하는 균열 연결망은 여러 파괴 패턴을 조각하며 자연의 장관을 만든다."

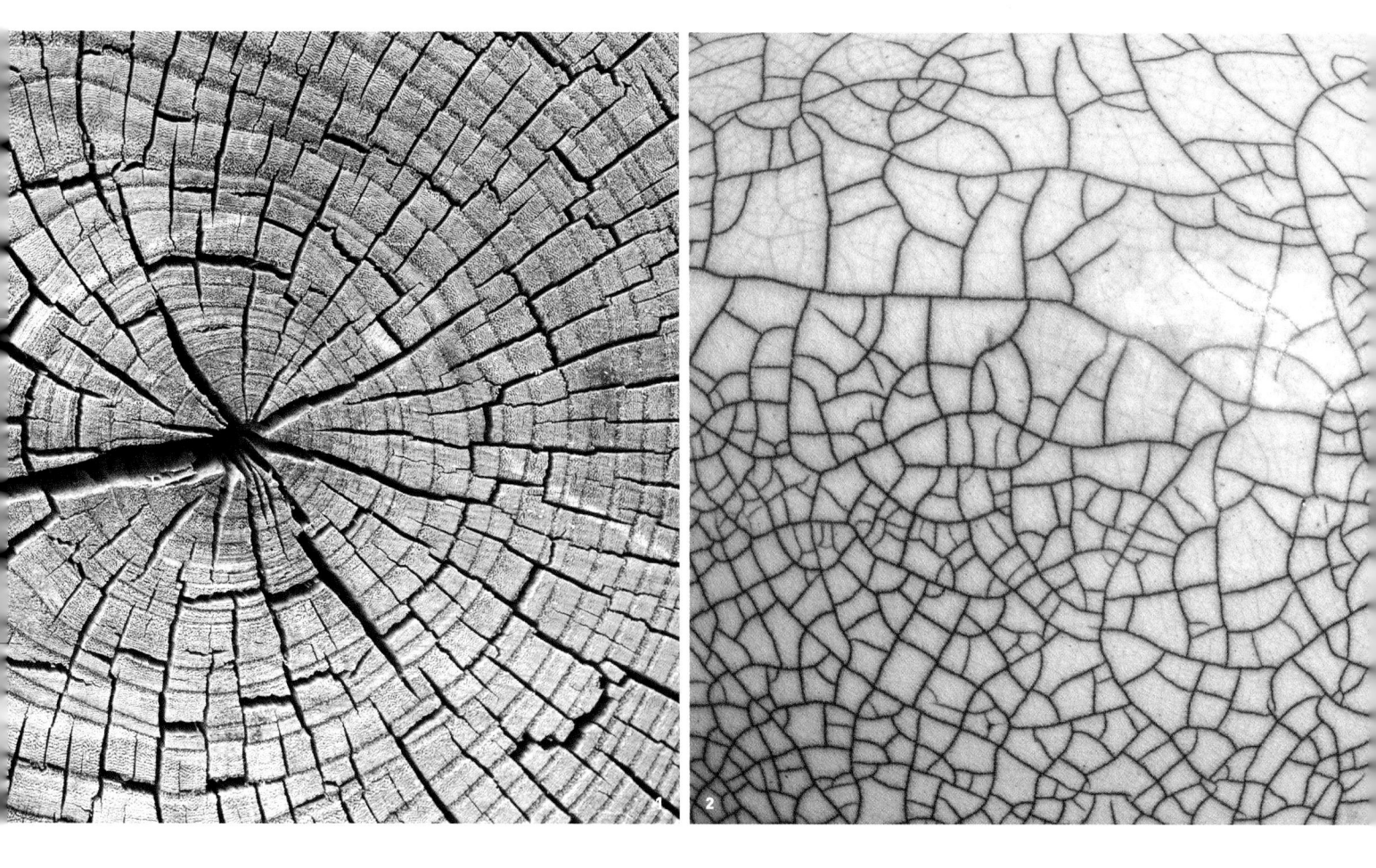

1 나무의 균열
응력에 기인한 균열이 오래전에
죽은 나무의 중심에서 퍼져
나가고 있다. 계절에 따라 다른
성장층(나이테) 사이 경계(여기서
나무 직물이 상대적으로 더
약하다.)에서 옆으로 휘기도 한다.

2 도자기의 균열 무늬
도자기 유약의 균열 연결망은 그
얇은 층에 응력을 주는 냉각과
수축 작용에 기인한다. 이
과정은 어떤 길고 완만한 곡선을
그리는 균열에서 시작하는데
그것들은 더 짧은 균열들과
교차하며 일반적으로 직각으로
만나서 다각형 섬들을 만든다.

은 다소 들쭉날쭉하다. 그러나 균열이 굳어 가는 덩어
리를 타고 내려가면서 이 연결망이 응력을 더 효과적
으로 해소하도록 조절한다. 이것은 균열선 3개가 대략
서로 같은 각도로 교차할 때 일어난다. 달리 말하면
그 접합부는 육각형 벌집 연결망의 특징인 120도의
교차각을 이룬다.

　이것은 도자기의 유약층이나 마른 호수 바닥 진흙
층의 균열과는 다르다. 차이점 중 하나는 균열이 평면
층을 가로질러 수평적으로만 생기는 것이 아니고 식거
나 굳어 가는 물체를 타고 내부 속으로 내려가는 것이
다. 더욱이 그 패턴은 유약의 경우처럼 매우 길고 매끈
한 어떤 초기 균열의 모습에 제한되지 않는다. 그러한
이유로 육각형 접합이 도자기의 직각 접합보다 선호된

다. 기본 아이디어는 똑같지만 그 답은 다른 것이다.

　균열 연결망이 더 깊숙이 침투해 내려갈수록 그것
은 이상적인 벌집 패턴에 가까워진다. 그것은 결코 완
벽한 모양을 가지지 못한다. (자이언츠 코즈웨이의 많은
기둥은 다소 불규칙한 육각형이고 일부는 오각형이나 칠각형
이기도 하다.) 왜냐하면 자연이 그 패턴을 만드는 과정
에는 거의 항상 약간의 무질서와 임의성이 있기 때문
이다. 그러나 결과는 우리를 놀라게 할 정도로 기하학
적이다. 암반 구조의 최상층은 가장 무질서하지만 침
식으로 오래전에 제거되었다. 지금 남아 있는 것은 자
연계의 자기 조직화 능력에 대한 가장 놀라운 기념물
중 하나이다.

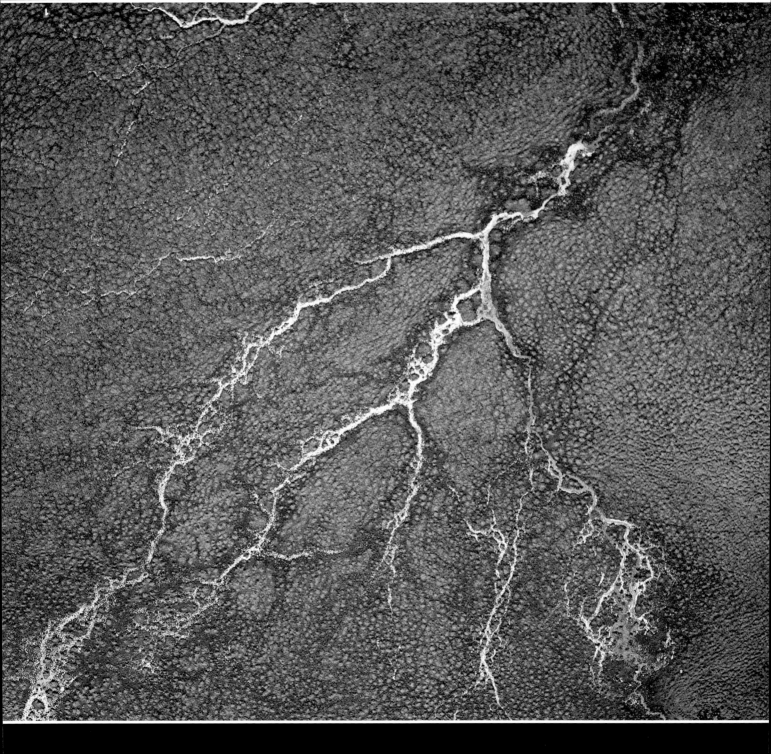

2

1, 2 하늘의 갈라짐과 땅의 갈라짐

하천의 연결망은 일종의 '파괴', 또는 균열
패턴이라는 것은 사진을 보면 명확히 알 수 있다.
아이슬란드 샘에서 나온 시내(1)를 번개 칠 때 생긴

패턴(2)과 비교해 보자. 번개는 방전 불꽃이
절연 물질(이 경우 공기)을 통과할 때 일어나는,
이른바 절연 파괴의 구체적인 사례이다.

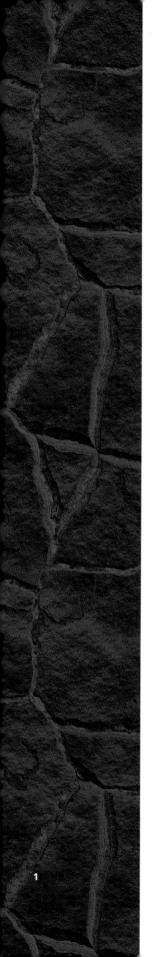

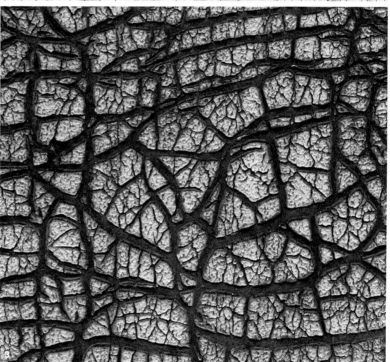

1 용암의 균열

자이언츠 코즈웨이의 형성 초기 단계는 아마도 이
용암 표면에 형성되어 있는 균열 연결망과 조금
닮았을 것이다. 여기 보이는 용암 섬들은 자이언츠
코즈웨이의 다각형과 비교하면 그 크기와 모양이
다양하다. 하지만 아래쪽으로 내려갈수록 그 균열
연결망이 점차 재구성되어 균일해진다. 그리고
불규칙한 상층부는 수백만 년의 침식으로 제거된다.
그 결과물이 현재의 주상절리 구조로 남았다.

2, 3 페인트의 균열

페인트가 마르면서 물감 입자들은 서로 더
가까이 잡아당기고 막은 파편화되고 균열이
생긴다. 이 과정은 도자기에 칠한 유약이 굳는
과정과 매우 유사하고 그 패턴도 정말 똑같다.

갈라지는 번개

번개가 갈라지며 생기는 가지들은 또 다른
성장 불안정성의 결과이다. 방전 불꽃이
ㅣ운(雷雲)과 땅 사이의 공기를 통과할 때 그
물의 작고 무작위한 돌출부들은 빠르게 증폭해
새로운 가지를 만든다. 왜냐하면 전기장의

기울기(얼마나 가파르게 장이 주어진 거리에
대해 변하는지를 나타내는 비율)가 그곳에서
더 커서 전류가 그쪽으로 더 잘 흐르기 때문이다.
이러한 분지 불안정성이 발생하는 많은 패턴이
그러하듯 결과적인 구조는 프랙탈이다.

금간 지각

균열은 지질학적 규모로, 즉
지진대의 지각을 통과해 수
킬로미터에 걸쳐서 일어날 수
있다. 지진대에서 지각판의
운동은 딱딱한 바위에 응력을
가한다. 여기서 보는 미국
캘리포니아 주 샌 앤드레이어스
단층과 같은 단층은 흔히
상대적으로 곧으며 가지가
분화하지 않았다. 그것은 지각
깊숙이 확장된 균열이다.

하천망의 다양성

하천망의 나뭇가지 모양 패턴은 깨지기 쉬운 취성 물질의
균열보다 더 다양하고 흔히 더 꼬불꼬불하다. 그 이유는 이 패턴이
침식과 퇴적(둘이 결합해 강의 만곡을 만든다.)과 함께 작용하는
여러 과정들에 의해 형성되기 때문이다. 그 모양은 또한 지반의
강도와 화학적 성질의 지역적 차이에 따라 달라질 것이다.

미국의 데블스 포스트파일
자이언츠 코즈웨이를 만든 것과
같은 균열이 미국 캘리포니아
주 데블스 포스트파일의
희귀한 풍경을 만들었다.

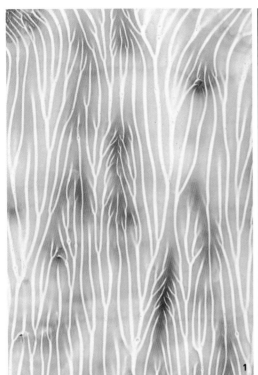

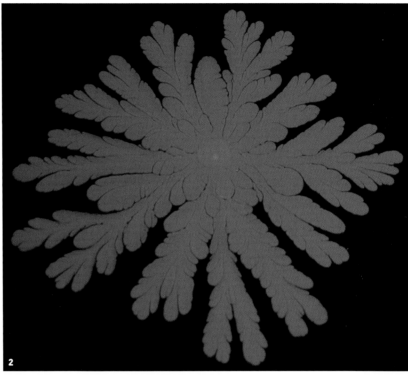

1, 2 비스커스 핑거링

공기처럼 점성이 낮은 유체가 압력을 받아 점성이 보다 높은 유체 속으로 밀려 들어갈 때 그 끝이 갈라지는 현상을 '비스커스 핑거링(Viscous fingering)'이라고 한다. 이 현상이 일어날 때 두 유체 사이 경계에서는 또 다른 성장 불안정성이 발생한다. 즉 침투하는 유체 내부 압력이 돌출부에서 상대적으로 높아져 돌출부가 조금 더 솟아 나와 좁아지는 손가락 모양이 된다. 이와 같은 패턴은 두 장의 평판 사이에 접착제나 페인트처럼 끈적이는 유체를 발랐는데 그 틈으로 공기가 들어갔을 때에도 볼 수 있다. 그 결과는 하천망(1)과 조금 닮은 트레이서리(tracery, 고딕 건축에서 나뭇가지 곡선으로 된 여러 장식 무늬)(2)이다. 어떤 경우에 표면 장력이 손가락 무늬를 형성하는 불안정성을 누그러뜨리기도 한다. 그것은 가지 끝을 부드럽게 하고 덜 뾰족하게 만든다. 그 결과 보다 두꺼운 손가락 또는 가지가 생긴다.

3 가라앉는 기둥

고밀도의 유체가 저밀도의 유체를 지나 가라앉을 때 고밀도 액체의 방울이 손가락 모양으로 갈라진다. 이 갈라짐이 반복되어 거꾸로 선 나무 모양을 만든다. 이 역시도 비스커스 핑거링 과정이며 바다에서 보다 차거나 짠 물이 그 아래 보다 따뜻하거나 덜 짠 물에 가라앉을 때 일어난다.

리히텐베르크 무늬
투명한 고체 물질 덩어리를
관통하는 방전 불꽃은 물질에
균열을 일으키면서 번개의
경로처럼 보이는 자취를 남긴다.
균열 표면에 전기를 끌어당기는
먼지나 조각이 있으면 그 구조가
더 분명하게 드러나기도 한다.
이러한 패턴은 처음으로 이를
설명한 18세기 독일의 과학자의
이름을 따서 명명되었다.

9장 | 점과 줄

표범에 얼룩점이, 얼룩말에
줄무늬가 생기는 이유

『정글북』으로 유명한 조지프 러디어드 키플링은 『그냥 그런 이야기(*Just So Stories*)』에서 어떻게
표범에 얼룩점이 생기고 얼룩말에 줄무늬가 생기는지 설명했다. 그의 답은 완전히 상상에 기반한
것이었지만 당시 과학자들의 답이라고 해서 그다지 낫지는 않았을 것이다. 한 가지는 동물이 '왜'
무늬를 가지는지 설명하는 것이었고 다른 하나는 동물이 성장하면서 그 무늬를 '어떻게' 가지게
되는지 설명하는 것이었다. 지금 널리 받아들여지고 있는 설명은 이런 패턴들은 매우 다른 종류의
자연 현상에서도 작용하는 자기 조직화 과정으로 형성된다는 것이다. 사막의 연흔 형성 과정이나
동물이 군락에서 그 둥지를 만드는 과정에서 유사성을 찾을 수 있다. 달리 말해 그 패턴은 자연 선택과
적응의 산물이라 하더라도 생물학이 아니라 수학의 언어로 더 잘 설명할 수 있다는 것이다.

동물은 패턴의 최고 거장이지만 특정한 패션을 선호하는 것처럼 보인다. 얼룩말의 줄무늬는 인기 있는 패션 디자인이다. 제브라피시, 에인절피시, 호랑이, 영양, 개구리, 애벌레 등도 같은 취향인 듯하다. 또 하나 인기 있는 것이 점인데 표범, 얼룩무늬수리가오리, 무당벌레, 붉은반점두꺼비가 그 패션의 주요 고객이다. 나비는 아무런 제한도 없는 것처럼 보이는데, 그들이 사용하는 패턴은 눈부시게 화려하면서도 거의 끝이 없는 것처럼 보인다.

이런 패턴이 무엇을 위한 것인지 말하기는 늘 쉽지 않다. 생물학자와 동물학자는 무늬가 어떻게든 동물의 생존과 번식에 이득을 준다고 말한다. 다시 말해 '다윈주의적 적응'이라는 것이다. 아마도 그것은 포식자를 속이는 위장이거나 머뭇거리게 만드는 경고 표시일지 모른다. 또는 같은 종의 동료들이 서로를 알아보게 하거나 짝짓기 상대를 유혹하기 위한 장치일지 모른다.

대부분의 무늬가 이처럼 적응적인 것처럼 보이지만 그 기능이 무엇인지 항상 확신할 수는 없다. '무늬 진화론'의 '설명'은 너무 쉽지만 그 증거를 찾기는 보다 어렵다. 얼룩말을 보자. 줄무늬는 얼룩말이 그늘에 숨는 데 도움을 준다고 한다. 일견 명백해 보인다. 그런데 과연 그럴까? 얼룩말은 시간 대부분을 나무나 수풀 사이가 아니라 열린 초원에서 보낸다. 만약 줄무늬가 사자와 같은 포식자로부터 몸을 숨기는 데 도움을 준다면 왜 사자의 모든 먹잇감들이 줄무늬를 가지고 있지 않은 것일까? 얼룩말의 줄무늬는 위장을 위한 패턴이 아닐지도 모른다. 대신 파리를 쫓거나 체온을 조절하거나 그 밖의 기능을 수행하는 것일 수 있다. 우리가 모를 뿐이다. 야생 고양이에 대해서도 마찬가지이다. 배경이 얼룩덜룩한 서식지에서는 얼룩덜룩한 고양이가 더 많은 것이 사실이지만 예외도 있다.

또 표피와 가죽, 비늘에 있는 이러한 패턴들이 정말 어떤 진화적인 기능이 있다고 하더라도 그것이 어디서 온 것인가에 대한 질문에 아무런 답도 내놓지 못한다. 얼룩말의 배아 단계에서 어떤 곳에는 어두운 털이 나게 하고 다른 곳에는 그렇지 않게 돼 줄무늬를 만드는 색소 형성 피부 세포는 어떻게 작용하는 것일까? 반세기 전까지만 해도 이에 대해 어떤 아이디어도 없었다. 그러나 지금은 있다. 얼룩점과 줄무늬는 기본적으로 화학으로, 궁극적으로는 수학으로 설명할 수 있다.

패턴 형성의 수학

영국의 수학자 앨런 튜링은 동물의 패턴 형성에 대한 첫 이론을 만들었다. 튜링은 컴퓨터 프로그램 개념 개발과 제2차 세계 대전 때의 암호 해독 연구로 유명하다. 그는 생물학을 포함해 다양한 문제에 관심을 가졌고, 1952년에 어떻게 간단한 구형의 배아에서 사지와 기관이 있는 패턴을 가진 몸으로 발전하는가에 대한 이론을 내놓았다.

튜링은 배아를 세포들로 이루어진 하나의 공이라고 생각했다. 그 세포들은 생화학 성분으로 채워져 있다. 그것들은 세포 속 액체를 떠다니면서 특정 세포가 분화하도록 조절하는 유전자를 켜거나 끄도록 서로 반응한다. 그는 이런 모형을 바탕으로 그 속의 화학 물질 수프가 균일함을 자발적으로 잃고 국소적으로 특정 성분이 더 많거나 적은 불균일한 구조를 가지게 되는 메커니즘을 밝혀냈다.

그 핵심은 '되먹임'이다. 어떤 화학 물질이 반응을 한다고 해 보자. 그런데 그 물질이 그 자신을 만드는 반응의 속도를 빠르게 한다면, 달리 말해 그 물질이 자가 촉매라면 어떻게 될까? 폭주 효과가 일어날

공작의 깃털

동물이 무늬를 가지는 데는
온갖 종류의 이유가 있다. 어떤
무늬는 눈에 띄지 않게 하고,
다른 무늬는 공작새의 꼬리처럼
정반대 효과를 가진다. 공작새
꼬리 깃털의 안점(眼點)은
잠재적인 짝의 마음을 사로잡기
위한 성적인 노출, 과시
효과의 일부이다. 최근 연구에
따르면 적록 색맹인 고양잇과
동물들에게 이 공작 깃털의 눈꼴
무늬는 수풀 속에 있을 경우
눈에 잘 띄지 않는다고 한다.

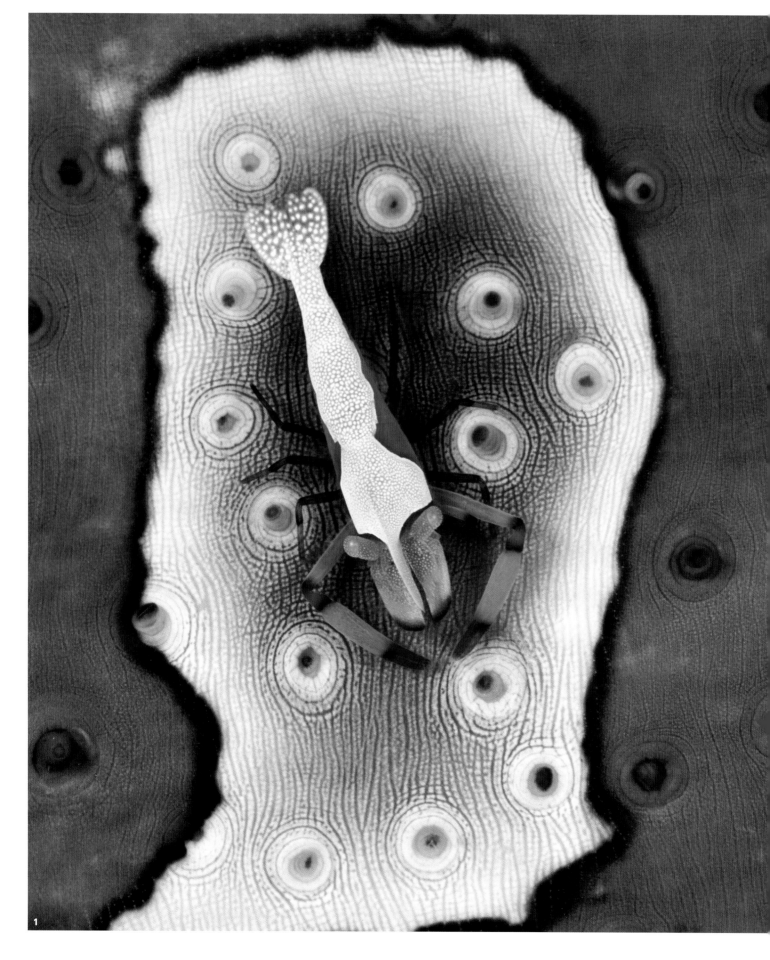

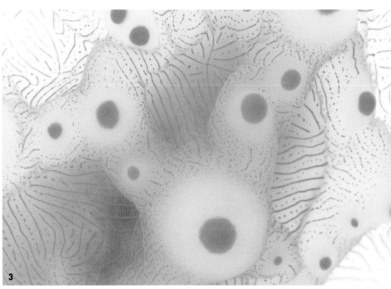

2 **3**

1 바닷속 표범 무늬
표범해삼 위의
황제새우(*Periclimenes imperator*).

2 보였다가 가렸다가
중앙아메리카 원산의
붉은눈나무개구리(*Agalychnis callidryas*)의 줄무늬는 페인트가
떨어지는 것처럼 선명하게 보인다.
이 무늬를 뒷다리로 덮으면
완벽하게 가려져 개구리는 마치
가지 위 나뭇잎처럼 보이게 된다.

3 균열 무늬
이 갯민숭달팽이 위의 줄무늬
같은 패턴은 한 줄기 물이
물방울로 부서지는 방식처럼
색소가 들어간 구조가 깨져서
열 지은 점들로 구분된다.

수 있다. 아주 작은 농도 차이도 큰 차이로 증폭될 수
있다. 따라서 혼합물은 자발적으로 불균일한 상태가
된다. 그것만으로는 자가 촉매 물질만 많은 혼합물이
생기고 끝날 것이다. 하지만 튜링의 수프에는 두 종류
의 성분이 있다. 그는 그것을 형태소(형태 형성 물질)라
불렀는데, 오늘날 과학자들은 이들 중 하나를 활성체
(activator)라고 부른다. 이것은 자가 촉매이며 그 자신
의 생성을 촉진하기 때문이다. 그리고 나머지 하나를
억제체(suppresser)라 부른다. 이것은 활성체의 성장을
억제하기 때문이다. 두 성분의 분자들이 물속 잉크처
럼 혼합물 안에 두루 퍼져 있다. 튜링의 모형에서는 억
제체가 활성체보다 더 빨리 퍼진다.

활성체-억제체의 활동을 기술하는 방정식을 만들
고 풀었을 때 튜링은 활성체의 얼룩이 억제체 때문에
따로 떨어진 작은 섬들처럼 다소 불규칙하게 출현하
는 것을 발견했다. 그는 그것을 보고 동물들의 얼룩 무
늬 같다고 말했다. 후에 튜링의 방정식이 컴퓨터로 풀
렸을 때 그것이 일반적으로 두 가지 패턴을 만드는 것
이 분명해졌다. 바로 크기와 간격이 거의 같고 다소 질
서정연하게 배치된 점과 줄무늬의 배열이었다. 이제

우리는 튜링의 모형이 5장에서 설명했던 화학적 진동
을 만든 반응-확산 현상의 변형임을 알고 있다. 튜링
이론에서 화학적 파동은 '고정'된 것이었다.

튜링의 이론은 동물의 무늬(표범의 얼룩점과 얼룩말
의 줄무늬)가 형성되는 방법에 대해 훌륭한 설명을 제
공하는 것처럼 보인다. 그 아이디어는 이렇다. 자궁에
서 발달하는 배아의 표피에는 생화학적인 형태소가
있는데 그것이 마치 튜링의 활성체와 억제체처럼 세
포 사이를 전류한다. 활성체가 많은 곳에서는 색소 생
성을 켜는 유전자의 스위치를 켜고 그 패턴이 배아에
서 발현하게 된다. 동물이 성장하면서 이 패턴은 확장
된다.

1990년에 비로소 프랑스 과학자들은 실험적으로
화학 물질에서 튜링 패턴을 만드는 데 성공했다. 오늘
날 점과 줄무늬로 이루어진 다양한 튜링 패턴을 만드
는 여러 화학 레시피가 개발되어 있다. 어떤 것은 거의
결정처럼 질서 있고, 어떤 것은 아주 복잡한 미로 같
다. 활성체와 억제체의 초기 분포를 잘 조절하면 우주
만큼 다양한 패턴을 만들 수 있다.

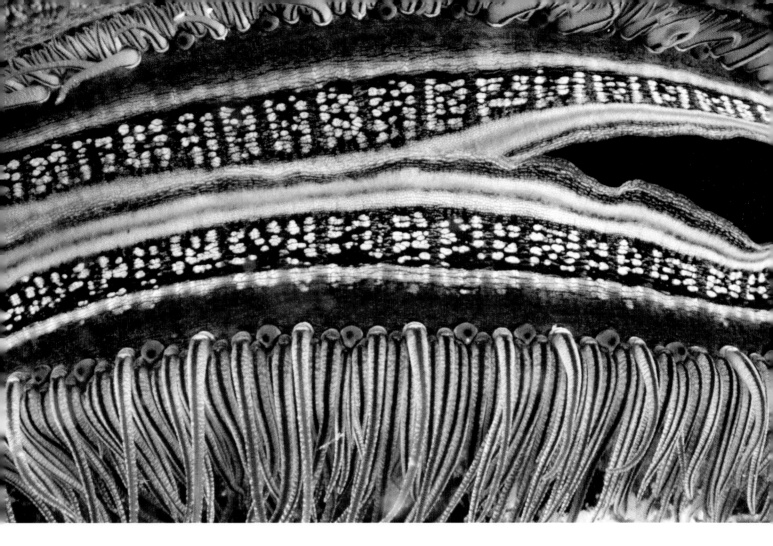

튜링 패턴의 확장성

1980년대 이후로 과학자들은 튜링의 아이디어를 이용해 생화학적인 착색 패턴 형성의 수학 모형이 실제 동물에서 볼 수 있는 다양한 무늬를 어떻게 만드는지 살펴보았다. 얼룩말 줄무늬 스타일은 쉽게 만들어지지만 다른 무늬들은 복잡하다. 예컨대 표범의 점 무늬는 지문과 조금 비슷하다. 단 하나의 짙은 반점이 아니라 4~5개의 얼룩 덩어리가 검은 꽃잎처럼 중앙의 갈색 조각 주변에 놓여 있다. 재규어의 얼룩점은 훨씬 더 복잡하다. 중심에 있는 모양이 어두운 고리이다. 그리고 기린의 무늬는 마른 진흙의 균열 패턴과 닮았다.

이 모든 패턴을 튜링의 활성체-억제체 과정으로 재현할 수 있다. 때로는 2개 이상의 성분이 필요할 때도 있지만 말이다. 더욱이 이 수학 모형은 패턴이 그것이 덮는 몸의 모양에 어떻게 의존하는지도 설명할 수 있다. 가령 야생 고양이에서 볼 수 있듯이 몸통의 점들이 꼬리 쪽으로 가면서 가늘어지다가 꼬리 위에서 줄무늬로 바뀌는 것도 재현할 수 있다. 무당벌레의 몸에 반점이 있는지, 줄무늬가 있는지, 또 그것이 얼마나 큰지는 돔 모양의 딱지날개가 얼마나 휘었는지에 달려 있다. 그리고 이 수학 모형은 에인절피시가 자라면서 줄무늬가 변하는 현상도 흉내 낼 수 있다.

저명한 생물학자인 콘래드 와딩턴은 화학 패턴에 대한 튜링의 논문을 읽은 후 튜링에게 편지를 썼다. 튜링의 이론으로 나비 날개의 패턴을 설명할 수 있을 것 같다고 말이다. 점, 줄무늬, 갈짓자 등등의 모양을 말

여러 층으로 된 질서
말레이시아 바다에 서식하는 페둠 스폰딜로이데움(*Pedum spodyloideum*, coral boring scallop)의 밝은 색 외투막과 줄지어 박힌 눈들은 생물계가 만드는 질서의 정확성과 다양성에 대한 영감을 준다.

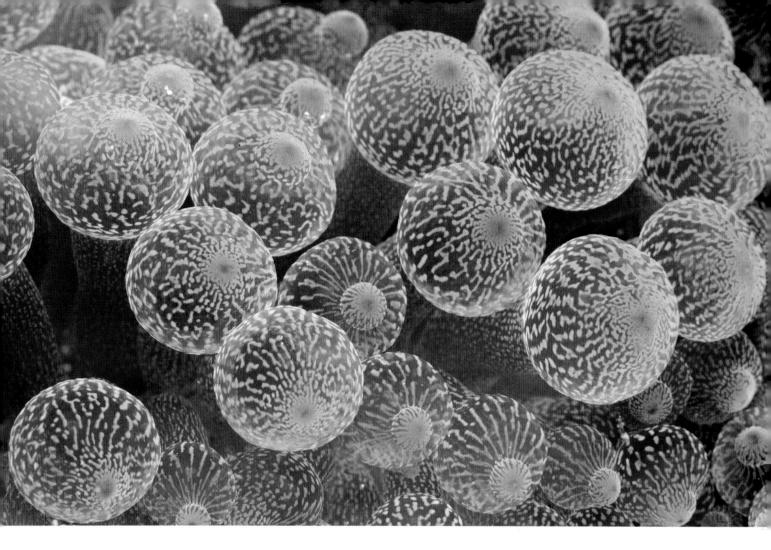

이다. 튜링의 이론은 나비 날개를 설명하기 위한 중요한 후보 이론 중 하나인 것은 분명하다. 그러나 이제 나비 날개를 만드는 과정은 훨씬 더 복잡하다. 형태소처럼 행동하는 생화학 물질들의 섬세한 상호 작용, 날개 자체의 혈관 구조, 그리고 기관의 발달을 조절하는 복잡한 유전 메커니즘 등을 포함해야 하기 때문이다. 달리 말하면 그것은 정확한 튜링 패턴은 아니지만 아마 관련이 있을 것이다. 나비 날개가 형태소의 '공급원'과 '배출구'를 다양하게 가지고 있다는 게 기본 아이디어이다. 궁극적으로 '패턴 형성 유전자'가 결정하겠지만, 이런 공급원과 배출구가 어떻게 배치되었는가를 알면 나비 날개의 모든 패턴 형성 요소들과 그 과정들을 수학 모형으로 흉내 낼 수 있다.

이 모든 것이 동물 무늬를 만드는 튜링 과정이 바르게 가고 있다는 좋은 징후지만, 아직 그 아이디어가 옳다는 증거는 아니다. 그것을 증명하기 위해서 패턴 형성의 형태소로서 작용할 실제 생화학 물질을 찾는 일이 필요하다. 아직 아무도 착색 패턴에서는 그 일을 하지 못했다. 하지만 여러 다른 생물 패턴이 같은 종류의 활성체-억제체 과정으로 만들어진다는 꽤 괜찮은 증거가 있다. 가령 규칙적인 간격으로 놓인 쥐의 모낭(아마 사람의 모낭도 해당될 것이다.), 나란히 배열된 새의 깃가지, 모래 언덕 같은 포유류 입천장의 능선, 나중에 손가락과 발가락을 형성할 포유류 배아의 손과 발의 줄무늬 같은 분절이 있다. 형태소의 반응 및 확산 과정과 유사한 무언가가 식물에서 일어나 우리가 3장에서

본 꽃머리와 잎차례의 규칙적인 패턴을 만든 것일지도 모른다. 그것은 튜링 자신이 예견한 하나의 가능성이었다.

튜링 패턴은 생물 개체만이 아니라 생태계까지도 확장될 수 있다. 결국 그 기본 요소는 매우 간단하다. 양성 되먹임으로 자신을 증폭하는 과정과, 이것을 억제하는 과정이 필요하다. 이 둘이 서로 다른 비율로 계 전체에 퍼져 있어야 한다. 이런 요소들이 주어지면 나타나는 패턴은 모든 경우에 거의 같을 것이다. 아프리카와 중동의 반건조 기후 지역에 가면 풀이 마른 땅을 구불구불한 미로를 그리며 덮고 있는 지역을 볼 수 있다. 이 풀들은 귀한 비가 내린 후 잠시 땅 위를 적신 물을 포집해 살아간다. 풀이 없는 주변 땅에 갈 물을 가져다 축적하는 것이다. 이런 과정의 수학적 모형은 물이 한쪽으로 흐르는 곳에서는 식생의 패턴이 줄무늬를 이루고, 보다 평평해 물이 아무렇게나 흐르는 곳에서는 식생의 패턴이 지형의 울퉁불퉁한 정도에 영향을 받으며 얼룩덜룩해질 것이라고 예측한다. 나아가 강우량이 증가하면 패턴이 반점에서 줄무늬로, 그리고 구멍 난 카펫 모양으로 바뀔 것이라고 예측한다. (자연을 관찰해 보면 그것을 확인할 수 있다.)

자기 조직화된 세계

튜링의 이론은 개미가 동료의 사체를 쌓아 놓는 곳의 배열, 사막의 연흔, 해양 플랑크톤 군락, 도시 범죄 사건의 불균일성과 같이 다양한 패턴에 대한 설명에 응용되고 있다. 무미건조한 균일성을 재미있고 때로는 유용한 불균일성으로 바꾸는 것은 자연의 보편 원리 중 하나인 듯 보인다.

그리고 그것은 자기 조직화에 대한 하나의 고전적인 예이다. 자기 조직화란 일반적으로 구성 요소들이 간단한 규칙으로 상호 작용하는 계에서 새로운 질서와 패턴이 창발되는 것을 설명하기 위한 개념이다. 튜링의 원래 이론에서 이 구성 요소들은 돌아다니며 서로 반응하는 형태소 분자였다. 하지만 그것은 모래 입자, 식물, 물, 전체 동물일 수도 있다. 따라서 튜링의 방정식은 도처의 형태 형성 물질에 무슨 일이 일어나는지 설명한다. 동시에 계의 개별 구성 요소들이 정말로 필요로 하는 한 가지는 그 자신 주위의 국소 환경을 '아는' 것이다. 개별 구성 요소들이 보는 것은 이웃들이다. 개별 구성 요소들이 하는 일은 그 이웃들과 규칙에 따라서 상호 작용하는 것이다. 상호 작용 규칙을 모아 놓은 규칙의 집합은 튜링이 설명한 정적 패턴을 만든다. 다른 규칙들은 새와 물고기의 군집 행동처럼 다른 구조를 만들 수 있다.

사실 이것은 생물학이 해 온 일이기도 하다. 생물학은 분자가 상호 작용해 생물을 만들고 생물들이 모여 생태계를 조직하는 것을 연구해 왔다. 가령 흰개미는 화학 페로몬과 다른 신호를 통해 서로 협동함으로써 진흙과 타액으로 우뚝 솟은 개미집을 만든다. 상대적으로 이것은 사람이 만든 마천루보다 더 높다. 여왕개미와 알들을 위한 방들이 있고, 곰팡이 음식을 키우는 농장과 환기를 위한 통로가 있다. 아무도 이 큰 건물을 계획하지 않았다. 그것은 흰개미가 각자 맡은 일을 수행하니 '스스로 지어진' 것이다. 우리도 이렇게 한다. 인간의 도시 역시 그 자신만의 신진대사 체계와 교통망을 가지고 살아 있는 유기체처럼 살아 움직이며 진화한다. 아무도 그것을 전체적으로 계획하지 않았다. 우리의 고향인 도시 역시 아프거나 죽을 수 있다. 이것이 바로 자기 조직화에 대한 이해가 필요한 이유이다. 우리가 그것에 의존해 살기 때문이다.

수학적 육신

크리스마스트리벌레(*Spirobranchus giganeteus*)의 사진이다. 열대 해양에서 발견되는 나선상균(Spirochaete)의 일종인 이 세균은 장식적이지만 거의 수학적으로 규칙적인 구조를 가지고 있다. 어떻게 그런 질서정연한 구조가 생물에서 등장하는 것일까?

1

줄무늬
자연의 보편적인 무늬 패턴
중 하나. 사진은 인도양과
태평양에 서식하는 말미잘(1)과

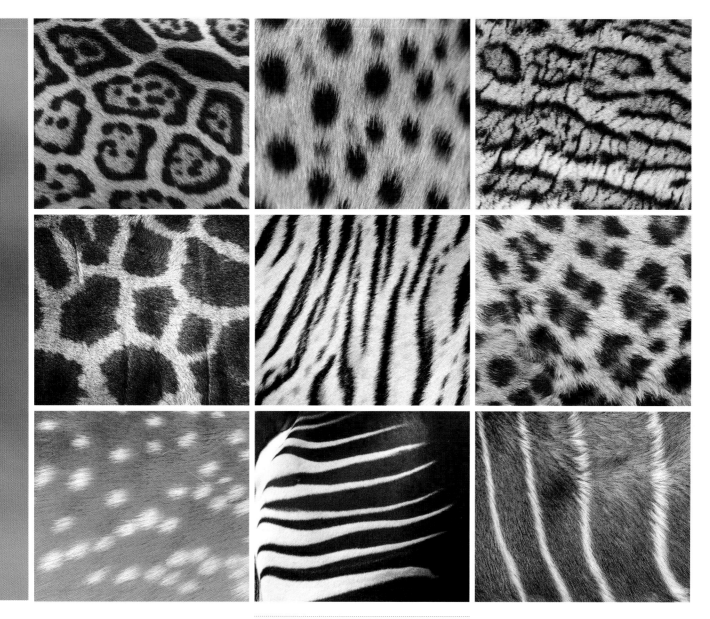

무늬 다양성

큰 포유류들의 모피는 점, 줄, 로제트(rosette), 다각형
연결망 등 다양한 무늬 패턴을 이룬다. 그러나 모두
똑같은 생화학적 패턴 형성 과정에서 유래했다.

작은 것이 아름답다
잠자리처럼 작은 생물도 복잡한
패턴으로 장식되어 있다.
이것은 흔히 생물의 가시성을
향상시키고 구애와 짝짓기에
역할을 하는 것처럼 보인다.

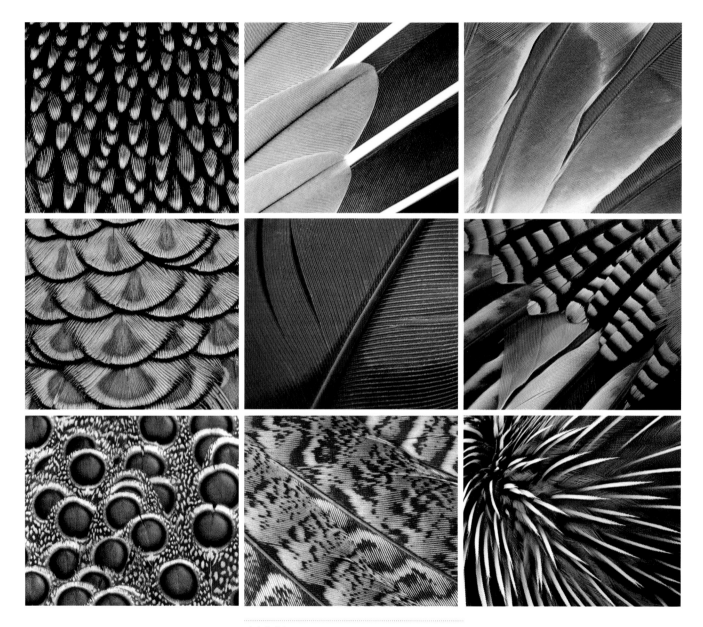

깃털의 예술

새의 깃털 패턴은 자연에서 나타나는 가장 우아한 패턴 중
하나이다. 여기서 보는 색들 중 일부, 특히 초록색과 파란색은
색소가 아니라 특정 파장의 빛을 반사하는 깃가지의 규칙적인
미세 구조(가령 나비 날개 비늘의 작은 마루들)로 만들어진
것이다. 색깔은 깃털이 성장할 동안(초기 깃털이 깃가지로
나뉘기 전에) 자리를 잡는다. 따라서 이 패턴은 한 깃가지에서
다른 깃가지로 연속적이다. 규칙적인 간격의 깃가지는 그
자체도 생화학적 패턴 형성 과정으로 형성되었다고 여겨진다.

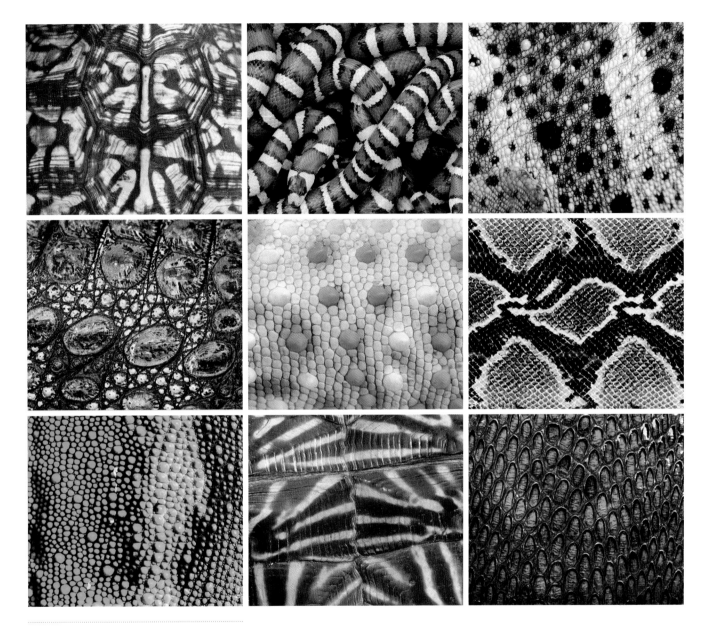

비늘의 다양성

파충류와 양서류는 특히 다채로운 무늬를 가질 수
있다. 어떤 것은 점묘법 양식을 채택하기도 하고, 일부
뱀의 가죽에서처럼 다른 색으로 칠해진 비늘이 있기도
하다. 그 '캔버스'의 기본 구조 또한 규칙적이고 거의
기하학적인 패턴으로 특징지어지는 것도 잊지 말자.
거북 등껍데기의 다각형 분할, 비늘의 타일 같은 배열,
카멜레온 가죽에 난 사마귀 혹 등이 그러하다.

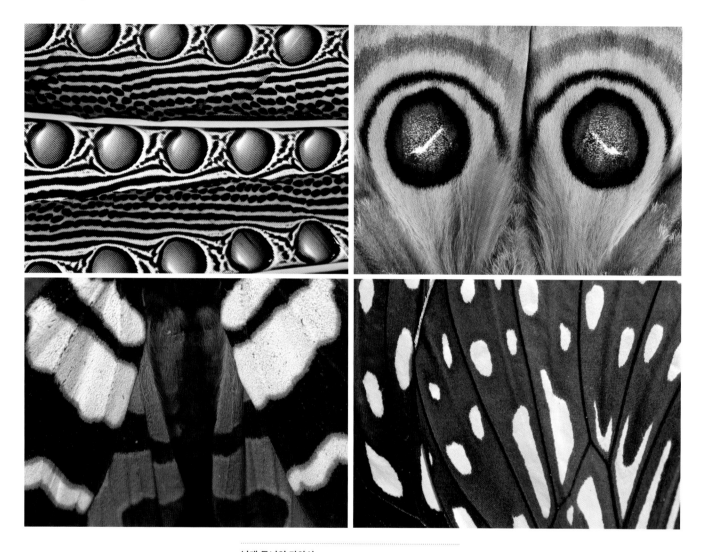

날개 무늬의 다양성

나비(때로는 그 애벌레)는 작은 패턴 요소의 팔레트를
창의적으로 이용한다. 이것들이 여러 목적에 맞게 재배치된다.
예를 들면 경고, 위장, 의태, 짝짓기 등에 쓰인다.

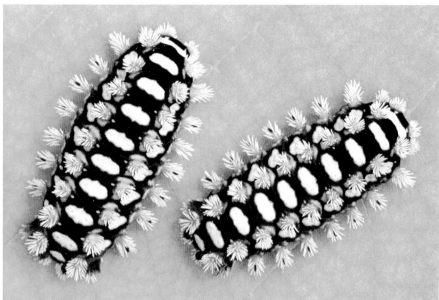

그리고, 그리고, 또 그리고
많은 곤충은 분할된 몸을 가진다. 각 분절에서
특정 패턴이 다소 동일하게 반복된다.

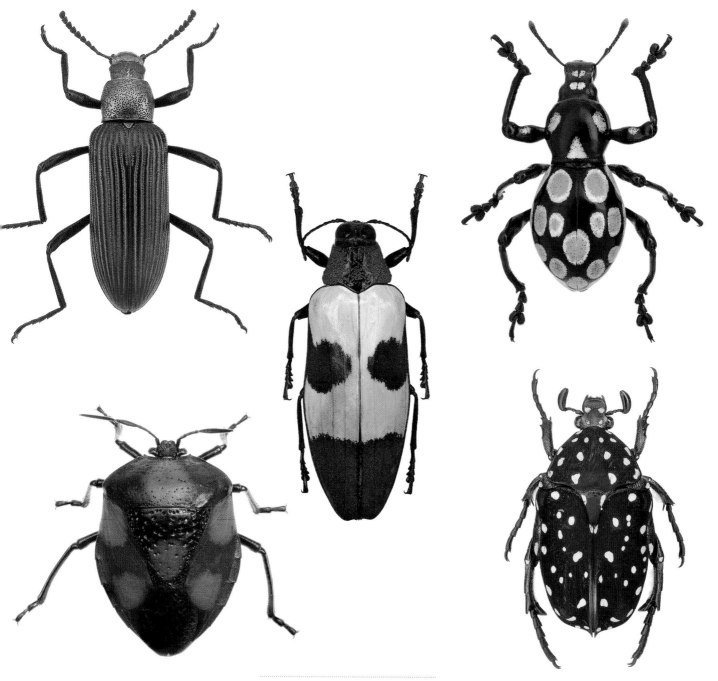

딱정벌레 왕국의 다양성

앨런 튜링이 윤곽을 잡은 화학적 패턴 형성 과정은
정확한 좌우 거울 대칭이 있는 딱정벌레와 바구미
무늬의 기초가 되는 것처럼 보인다. 이러한 패턴은
딱지날개의 크기와 곡률에 영향을 받는다.

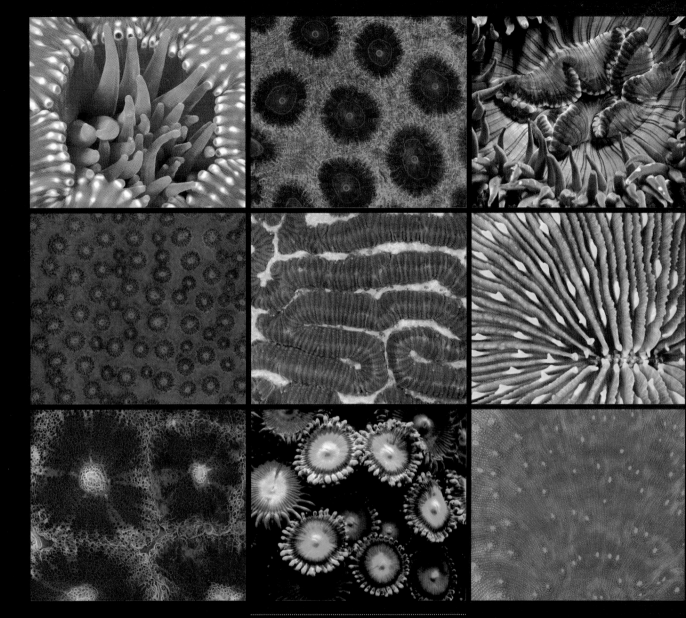

바다의 별자리

말미잘과 산호는 매우 다채로운 모양, 패턴, 무늬, 구조를
보인다. 그 질서의 일부는 성장하는 동안 생긴 것이고
또 일부는 유전적 지침에 따라 만들어진 것이다.

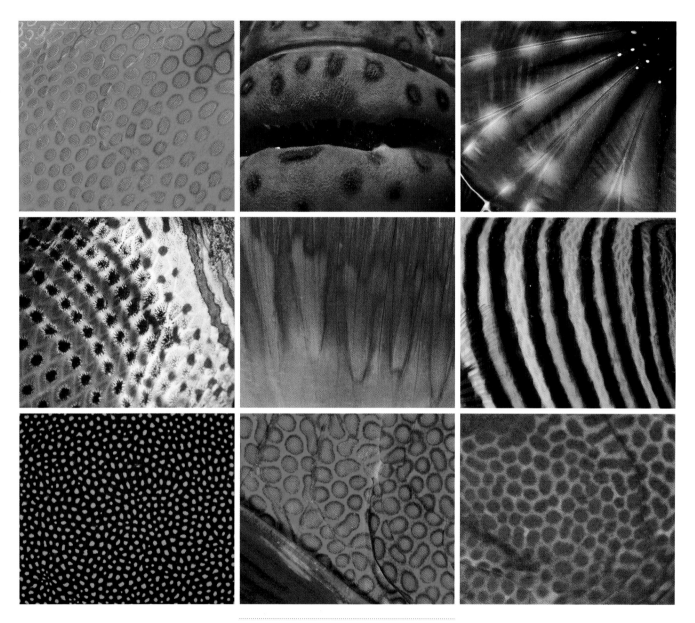

해양 동물의 무지개

물고기의 비늘 무늬는 튜링 패턴의 좋은 예이기도 하다.
이것들은 더욱 화려하거나 정교한 패턴으로 바뀌기도 한다.

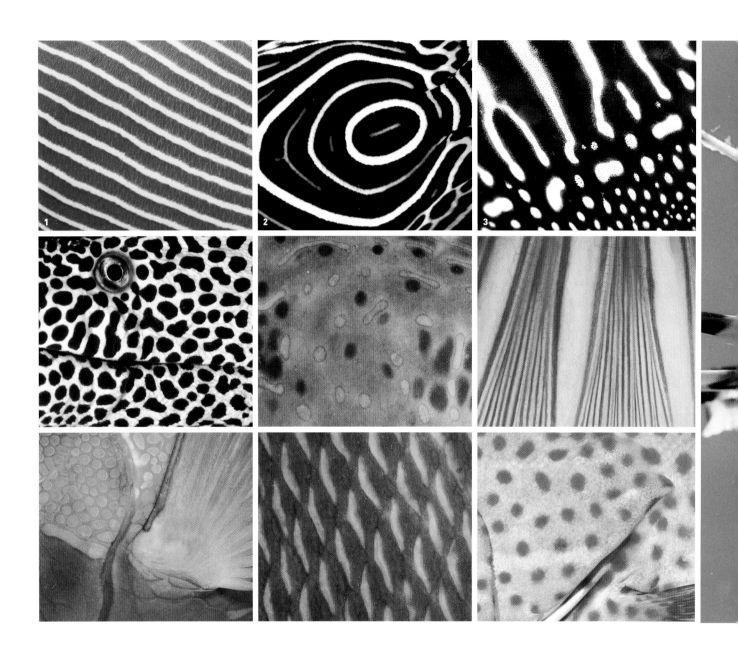

심해의 디자인들

물고기의 어떤 무늬는 매우 정렬되어 있다. 황제에인절피시(1)의
무늬처럼 말이다. 그러나 단일 튜링-유형 생화학 과정으로 만들어지는
패턴은 '캔버스'의 경계가 변하면서 변할 수 있다. 예를 들면 줄무늬가
가장자리에서 얼룩점 무늬(3)로 쪼개질 수 있다. 이런 무늬 패턴
중 일부는 물고기가 자라면서 계속 발달하고 이동한다. 그래서
고정된 패턴이 몸의 크기가 커지면서 확장되는 것이 아니라 더 많은
줄이 나타난다. 그것이 에인절피시(1, 2)에서 일어나는 일이다.

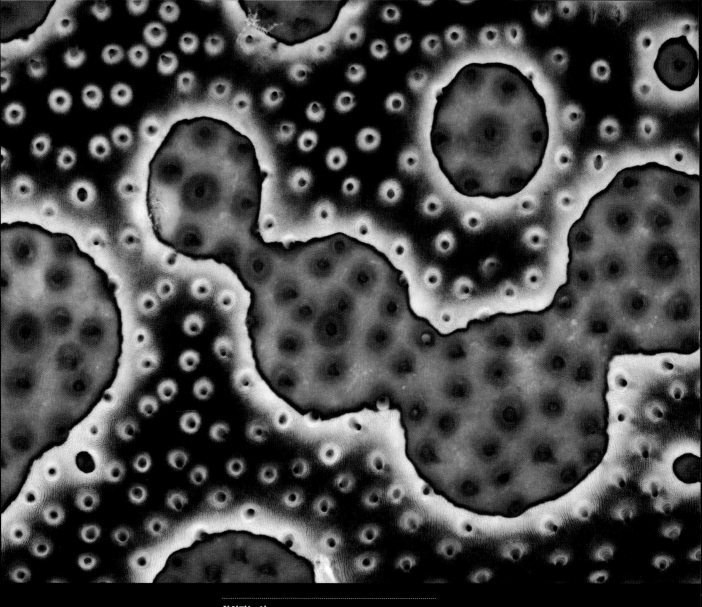

합쳐지는 섬
표범해삼의 외피는 거의 원형 섬들로 자국이 나 있는데 그
섬들이 (세포 분할의 그림처럼) 충분히 가까우면 좁은 **목**을
통해서 합쳐질 수 있다. 검은 경계, 밝은 '연안수', 엎어 놓은
안점들이 이 패턴을 더욱 초현실적인 것처럼 보이게 한다.
마치 분화구가 있는 이상한 행성 표면의 지도처럼 말이다.

화학 미로
튜링-유형의 화학 시약 혼합물로 만들어진 이 패턴들은 끊임없이 성장, 이동, 병합하고 복제 생물처럼 변한다. 그 정확한 모양과 형태는 구체적인 반응 조건에 달려 있다.

새인지, 꽃인지
잎과 꽃은 색으로 장식될 수 있다. 흔히 수분하는 곤충들의
눈에 더욱 잘 띄게 만들어진다. 새 깃털과 비슷한 점은
극락조화라는 이름으로 분명히 인정되고 있다.

1

형태는 성장의 정지된 기억

자연은 '필요' 이상으로 아름다운가? 이 자주달개비(1)의
무지개 줄무늬의 풍부함에 대해 적응적 설명을 찾기란 쉽지
않다. 한편 영지버섯의 띠(2)는 나무의 나이테와 다르지 않게
단순히 그 성장의 주기적인 교대에 따른 우연의 결과이다.
동물학자 다시 톰프슨이 지적했듯이 자연의 어떤 것들은
그들이 하는 일을 보여 준다. 단지 세부 구조가 그렇게
강요하기 때문이다. 한마디로 형태는 성장의 정지된 기억이다.

2

용어 해설

난류(turbulence) 유체 흐름의 상태가 혼돈한 경우, 특정 시간에 유체의 구조로부터 이후 어떤 시간에 흐름의 모습을 완전히 예측하는 것이 불가능한 경우 난류라고 한다. 난류는 불규칙적으로 보이지만 소용돌이와 같이 상대적으로 질서 있는 구조들이 생기기도 사라질 수 있다. 모든 흐름은 충분히 빠르면 난류가 될 것으로 예상한다.

대류(convection) 유체(액체나 기체)의 운동은 보통 밀도 차이에 기인한다. 그리고 밀도 차이는 흔히 유체 안의 온도 차이에 기인한다.

대칭성 깨짐(symmetry breaking) 계가 높은 대칭성에서 낮은 대칭성으로 전환하는 것. 예를 들어 완벽하게 균일한 계에서 공간에서 어떤 방향으로 다른 방향과 다른 패턴을 만들어 내는 것.

로그 나선(logarithmic spiral) 중심에서 거리가 멀어지면서 '넓어지는' 나선. (엄밀히 말해서 이 나선은 로그를 포함하는 특정 수학 방정식으로 기술되는 곡선이다.)

반응-확산 과정(reaction-diffusion process) 계의 구성 요소 사이에, 또는 그 조합이 무작위로 확산하면서 그들 사이에 반응의 일종을 포함하는 과정. 이런 계는 이동하는 파동, 또는 정지 상태의 불균일상과 같은 다양한 패턴을 만들 수 있다.

잎차례(phyllotaxis) 식물 줄기에 달린 잎, 꽃잎, 또는 다른 부분들의 배열.

자기 유사성(self-similarity) 사물의 작은 부분이 전체와 같은 성질. 나뭇가지를 예로 들 수 있다. 프랙탈의 전형적인 성질이다.

자기 조직화(self-organization) 외부 영향이 아니라 순전히 계 구성원들의 상호 작용으로부터 출현한 패턴 형성이나 조직화 과정.

주기 극소 곡면(periodic minimal surface) 3차원 공간에 펼쳐진, 평균 곡률이 0인 표면. 둘둘 감긴 표면에서 양과 음의 곡률이 상쇄된다. 이 표면은 일반적으로 미로 같고 결정 같은 계속 반복하는 모양(주기)이 있다.

준결정(quasicrystal) 원자들이 완전히 정확히 반복되지 않지만 그럼에도 충분히 질서정연해서 엑스선 회절에서 뚜렷한 '결정 같은' 점들이 생기도록 배열된 물질. 엑스선 패턴은 이런 물질이 5겹, 또는 8겹 대칭과 같은 '금지'된 대칭성이 있는 것처럼 보인다.

카르만 소용돌이 줄기(kármán vortex street) 유체가 방해물 주변으로 흘러야 할 때 유체 흐름에서 전형적으로 생기는 일련의 규칙적인 소용돌이.

프랙탈(fractal) 그 모양이 더 작은 척도에서도 계속 반복되는 구조나 사물.

활성체-억제체 계(activator-inhibitor system) 앨런 튜링이 1952년에 제안한 패턴 형성 계. 이 계에서 2개, 또는 그 이상의 패턴 인자가 상호 작용해서 점과 줄무늬 같은 불균일성을 만든다.

더 읽을거리

이 책의 아이디어들은 2009년에 내가 펴낸 형태학 3부작 『모양(Shapes)』, 『흐름(Flow)』, 『가지(Branches)』에서 더 자세하게 다루고 있다. (이 책들은 2014년 (주)사이언스북스에서 「필립 볼의 형태학 3부작」으로 번역, 출간되었다. — 옮긴이) 이 책들은 1999년에 출판된 『스스로 만들어진 태피스트리: 자연의 패턴 형성(The Self-Made Tapestry: Pattern Formation in Nature)』을 갱신한 것이다.

이언 스튜어트(Ian Stewart)가 2001년에 펴낸 『눈송이는 어떤 모양일까?(What shape is a Snowflake?』(한국어판 『눈송이는 어떤 모양일까』(한승, 2005년). — 옮긴이)와 1993년에 출간된 『두려운 대칭(Fearful Symmetry)』은 자발적인 패턴 형성을 멋지게 설명하고 있다. 패턴 형성의 생물학적인 측면에 대한 훌륭한 논의는 2001년에 출간된 브라이언 굿윈(Brian Goodwin)의 책 『표범이 얼룩무늬를 바꾼 방법(How the Leopard Changed its Spots)』과 리카르드 솔레(Ricard Sole)와 굿윈이 2000년에 함께 펴낸 다소 전문적인 공저 『생명의 사인(Signs of Life)』에서 찾아볼 수 있다.

한 세기 가까운 시간이 지나면서 많은 부분이 바뀌었지만, 다시 톰프슨의 1917년 고전 『성장과 형태에 관하여(On Growth and Form)』(1992년에 도버(Dover) 출판사에서 무삭제판을 출간했다.)의 범위, 비전, 우아함은 조금도 줄어들지 않았다. 케임브리지 대학교 출판사에서 출판한 1961년 무삭제판이 어떤 분들에게는 덜 위험할 수 있을 것이다. 그리고 시각적 즐거움을 주는 책으로는 피터 스티븐(Peter Steven)의 1979년 책 『자연의 패턴(Patterns in Nature)』을 이기기는 어렵다. (그리고 슬프게도 이 책을 입수하기도 똑같이 어렵다.)

찾아보기

도판 저작권

도판을 제공해 주신 분들께 감사를 드립니다. 저작권 표기에 누락이
나 오류가 있으면 위해 알려 주십시오. 수정하도록 하겠습니다.

NASA, Oxford Science Archive, Heritage Images, Getty Images, 112쪽. NASA, 162~163쪽. NASA, SPL, Getty Images, 105쪽 왼쪽 아래. Naturepl.com, 10쪽, 28쪽 오른쪽 아래, 29쪽, 34쪽 오른쪽 위/오른쪽 아래, 35쪽, 37쪽 왼쪽 아래, 39쪽, 42쪽 왼쪽 위, 62쪽 오른쪽 아래, 64쪽, 117쪽, 119쪽, 124쪽, 131쪽 왼쪽 아래, 138쪽, 146쪽, 176~177쪽, 252쪽, 253쪽 오른쪽, 254쪽, 255쪽, 258쪽, 261쪽 위/가운데 위/오른쪽 위, 261쪽 가운데 아래, 264쪽 가운데/오른쪽 가운데/오른쪽 아래, 267쪽 왼쪽 위/가운데 위/가운데 아래, 267쪽 아래, 268쪽 왼쪽 위/오른쪽 위/왼쪽 아래/아래, 275쪽 왼쪽 위/왼쪽 가운데/왼쪽 아래/오른쪽 아래, 276쪽 오른쪽 위/왼쪽 가운데/가운데/오른쪽 가운데, 277쪽. Nishinaga, Susumu, SPL, 11쪽, 27쪽. NOAA/University of Maryland Baltimore County, Atmospheric Lidar Group, 127쪽 아래. Noorduin, Wim, Harvard University, 199쪽. Noppharat, Shutterstock.com, 52쪽 오른쪽 아래. Novikov, Konstantin, Shutterstock.com, 40쪽 가운데. Nureldine, Fayez, Getty images, 120~121쪽. Olga, Romantsova, Shutterstock.com, 99쪽 왼쪽 아래. Olgysha, Shutterstock.com,189쪽 오른쪽. Omikron/SCIENCE PHOTO LIBRARY, 215쪽 오른쪽 위/왼쪽 아래. Orlandin, Shutterstock.com, 40쪽 가운데 위/왼쪽 아래. Oxford Scientific, Photolibrary, Getty Images, 25쪽. Paklina, Natalia, Shutterstock.com, 84쪽 오른쪽. Parkin, Johanna, Getty Images, 96쪽 오른쪽 아래. Parviainen, Pekka, SPL, 203쪽, 205쪽 위. Pasieka, Alfred, SPL, 196쪽, 210쪽 아래. Pasieka, Alfred, SPL, 202쪽, 204쪽, 206쪽, 209쪽 위. Patrice6000, Shutterstock.com, 5쪽 왼쪽 가운데, 13쪽, 156쪽, 157쪽. Paves, Heiti, Shutterstock.com, 186쪽. PearlNecklace, Shutterstock.com, 88쪽 왼쪽 위. Petrakov, Vadim, Shutterstock.com, 51쪽 왼쪽. Philippe Crassous, SPL, 183쪽 왼쪽 아래. Philippe Playilly, SPL, 150쪽 오른쪽. Pierre Carreau Photography, www.pierrecarreau.com, 134~135쪽. Pigtar, Shutterstock.com, 261쪽 왼쪽 가운데. Pitcairn, Marty, Shutterstock.com, 2쪽, 265쪽. Price, Joe Daniel, Getty Images, 223쪽. Proskurina, Valentina, Shutterstock.com, 105쪽 오른쪽 위. PzAxe, Shutterstock.com, 235쪽 위. Rahme, Nikola, Shutterstock.com, 178~179쪽. Ralph C. Eagle, Jr., SPL, 207쪽 오른쪽. rck_953, Shutterstock.com, 72쪽 가운데. Relu1907, Shutterstock.com, 83쪽 오른쪽. Reugels, Markus, Getty Images, 4쪽 위, 44쪽, 46~47쪽. Richter, Bernhard, Shutterstock.com, 94쪽 왼쪽 위. Richter, Mike, Shutterstock.com, 194쪽. Rosenfeld, Alexis, SPL, 42쪽 왼쪽 아래. Rotman, Jeff, Getty Images, 275쪽 가운데 위, 276쪽 가운데 아래. Sailorr, Shutterstock.com, 85쪽 왼쪽. Saloutos, Pete, Shutterstock.com, 93쪽. Sarah Fields Photography, Shutterstock.com, 227쪽. Sarjeant, Iain, Getty Images, 282쪽. Schafer, Kevin, Shutterstock.com, 238~239쪽. Scott Camazine, SPL, 55쪽. Seliutin, Roman, Shutterstock.com, 88쪽 왼쪽 아래. Selivanov, Fedor, Shutterstock.com, 151쪽. Semnic, Shutterstock.com, 225쪽. Serg64, Shutterstock.com, 231쪽 왼쪽. Sgro, Jean-Yves, Visuals Unlimited, Inc., SPL, 214쪽. Shah, Anup, Getty Images, 259쪽. Shebeko, Shutterstock.com, 70~71쪽, 168쪽, 172쪽. Shutter, Daimond, Shutterstock.com, 72쪽 오른쪽 위. Siambizkit, Shutterstock.com, 66쪽 왼쪽 위/왼쪽 아래. Siegert, Florian, Ludwig-Maximilians-Universitat Munich, 145쪽 왼쪽 위. Simoni, Marco, Getty Images, 136~137쪽. Smit, Ruben, Buiten-beeld, Getty Images, 129쪽. Spence, Inga, Alamy Stock Photo, 242~244쪽. Steinbock, Oliver, Florida State University, 218~219쪽. Steve Gschmeissner, SPL, 171쪽, 174쪽, 182쪽. StevenRussellSmithPhotos, Shutterstock.com, 34쪽. Stuchelova, Kuttelvaserova, Shutterstock.com, 189쪽 왼쪽 위. StudioSmart, Shutterstock.com, 165쪽, 173쪽. Sunset Avenue Productions, Getty Images, 62쪽 왼쪽. Super Prin, Shutterstock.com, 264쪽 왼쪽 가운데. SuperStock, 275쪽 오른쪽 위, 276쪽 왼쪽 위/가운데 위. Taboga, Shutterstock.com, 5쪽 위, 81쪽. Tarrier, Keith, Shutterstock.com, 63쪽. Taviphoto, Shutterstock.com, 261쪽 오른쪽 가운데. Taylor, David, SPL, 218, 219쪽. Tea maeklong, Shutterstock.com, 268쪽 오른쪽 아래. Terra Images, Getty Images, 28쪽 왼쪽 위. Thomson, Alasdair, Shutterstock.com, 53쪽 왼쪽 아래. Tiverylucky, Shutterstock.com, 261쪽 오른쪽 아래. Tomatito, Shutterstock.com, 5쪽 오른쪽 가운데, 187쪽. Tovkach, Oleg Elena, Shutterstock.com, 251쪽. Triff, Shutterstock.com, 53쪽 오른쪽 아래, 72쪽 가운데 아래. Trueba, Javier, MSF, SPL, 220쪽, 221쪽 왼쪽 위/왼쪽 아래. TungCheung, Shutterstock.com, 17쪽 오른쪽. Turner, Andrew, Shutterstock.com, 52쪽 왼쪽

아래. Uliana, Marco, Shutterstock.com, 250쪽 위/아래, 271쪽 왼쪽 위/오른쪽 위/가운데/오른쪽 아래. US Geological Survey/NASA, 126쪽. Vacuum Tower Telescope/NSO/NOAO, 115쪽 아래. Vangert, Shutterstock.com, 57쪽, 58쪽 왼쪽 위/왼쪽 아래/오른쪽 아래, 59쪽. Verdiesen, Marc, Shutterstock.com, 115쪽. Visuals Unlimited, Inc., Daniel Stoupin, Getty Images, 19쪽 오른쪽. Visuals Unlimited, Inc./Adam Jones, Getty Images, 131쪽 오른쪽 아래. Vlue, Shutterstock.com, 231쪽 오른쪽. Watson, Lynn, Shutterstock.com, 99쪽 오른쪽 위. Webster, Mark, Shutterstock.com, 272쪽. Weerasirirut, Khritthithat, Shutterstock.com, 87쪽. Wellcome Trust, 183쪽 오른쪽 아래. Wenger, REMY, Lithopluton.CH, Look at Sciences, SPL, 221쪽 오른쪽. WENN Ltd, Alamy Stock Photo, 101쪽. Wetmore, Ralph, Shutterstock.com, 233쪽. Wiangya, Shutterstock.com, 96쪽 왼쪽 위. Wiersma, Dirk, SPL, 181쪽 위. Wikipedia, 20쪽, 21쪽, 74~75쪽, 184~185쪽, 215쪽. Wilson, Laurie, 133쪽 위. Winters, Charles D, SPL, 4쪽 아래, 191쪽. Wojcicka, Jolanta, Shutterstock.com, 31쪽 오른쪽 아래. Wollwerth, John, Shutterstock.com, 61쪽 오른쪽. Woodhouse, Jeremy, Getty Images, 65쪽. Yuri2010, Shuttertock.com, 72쪽 왼쪽 위.